Afinal, o que é ciência?

... e o que não é

Proibida a reprodução total ou parcial em qualquer mídia
sem a autorização escrita da editora.
Os infratores estão sujeitos às penas da lei.

A Editora não é responsável pelo conteúdo deste livro.
O Autor conhece os fatos narrados, pelos quais é responsável,
assim como se responsabiliza pelos juízos emitidos.

Consulte nosso catálogo completo e últimos lançamentos em **www.editoracontexto.com.br**.

ANDRÉ DEMAMBRE BACCHI

Afinal, o que é ciência?

... e o que não é

editoracontexto

Copyright © 2024 do Autor

Todos os direitos desta edição reservados à
Editora Contexto (Editora Pinsky Ltda.)

Montagem de capa e diagramação
Gustavo S. Vilas Boas

Preparação de textos
Lilian Aquino

Revisão
Bia Mendes

Dados Internacionais de Catalogação na Publicação (CIP)

Bacchi, André Demambre
Afinal, o que é ciência? : ... e o que não é /
André Demambre Bacchi. – São Paulo : Contexto, 2024.
176 p.

Bibliografia
ISBN 978-65-5541-434-9

1. Ciência – Miscelânea 2. Ciência – Metodologia
3. Ciência – História I. Título

24-1559 CDD 500

Angélica Ilacqua – Bibliotecária – CRB-8/7057

Índice para catálogo sistemático:
1. Ciência – Miscelânea

2024

EDITORA CONTEXTO
Diretor editorial: *Jaime Pinsky*

Rua Dr. José Elias, 520 – Alto da Lapa
05083-030 – São Paulo – SP
PABX: (11) 3832 5838
contato@editoracontexto.com.br
www.editoracontexto.com.br

Existe Poesia de verdade no mundo real.
A Ciência é a Poesia da Realidade.

Richard Dawkins

Para minha esposa, Bruna, por me mostrar que,
enquanto a Ciência nos ajuda a compreender a realidade,
apenas a Arte nos faz suportá-la.

Sumário

Afinal, o que é Ciência? 9

Um pouco de História e Filosofia da Ciência 13

Racionalidade científica: saindo do piloto automático 31

Lógica como aliada da Ciência 37

A armadilha do viés de confirmação 57

A certeza não existe 65

Como a Ciência sabe o que ela sabe? 85

Uma Ciência, múltiplas vozes 105

Ciência ou pseudociência? 111

A linguagem como obstáculo à compreensão do que é científico 125

Ceticismo é diferente de negacionismo 133

Fake news e a pandemia da desinformação 141

A Ciência não é neutra. E isso não diminui seu valor 155

A Ciência é arrogante? Ou nós é que estamos sendo? 163

Posfácio – Se você fala sobre Ciência, então você divulga Ciência 169

Bibliografia comentada 173

O autor 175

Afinal, o que é Ciência?

"A Ciência é mais que um corpo de conhecimento, é uma forma de pensar, um jeito cético de interrogar o Universo, com pleno conhecimento da falibilidade humana."

Carl Sagan

O que é Ciência? A princípio, essa parece uma pergunta simples de ser respondida. Todos nós acreditamos compreendê-la, até o momento em que tentamos defini-la. Experimente este exercício: defina precisamente o que é Ciência em um único parágrafo. Mais desafiador do que parece, não é?

Para tentar definir Ciência, alguns afirmarão que se trata de conhecimentos reconhecidos popularmente como científicos: Física, Química, Biologia etc. Outros dirão que Ciência é um método. Tem gente que irá definir Ciência como aquilo que possui "comprovação", e assim por diante. Mas o fato é que cada um traz consigo uma percepção bastante subjetiva (e frequentemente reducionista) do que é Ciência.

A palavra "Ciência" tem origem no latim *scientia*, que significa conhecimento. Mas essa tradução literal não abarca completamente o amplo espectro do que a Ciência realmente representa. Mais do que isso, Ciência se refere a um grande empreendimento coletivo da Humanidade, que organiza nossos conhecimentos e predições sobre o Universo. Esses conhecimentos são obtidos, confrontados e atualizados por meio de um método próprio (falaremos mais sobre ele no capítulo "Como a Ciência sabe o que ela sabe?"), transparente e apoiado em um ceticismo organizado, que nos ajuda a reduzir as incertezas que temos sobre o mundo que nos cerca. Além disso, esses conhecimentos são analisados e interpretados de modo contextual à luz do ecossistema científico existente.

De modo simplificado, a Ciência pode ser vista como um par de óculos que aprimora a nitidez da nossa visão da realidade, melhorando nossa capacidade de registrá-la e, até mesmo, de modificá-la com mais precisão.

Veja bem, para boa parte de nós, as evidências científicas não são um fator determinante no momento de tomar alguma decisão pessoal. Escolher o carro que vai comprar, preparar o seu almoço ou decidir com que roupa vai trabalhar são decisões que fazem parte do dia a dia e que, em geral, são tomadas com base no senso comum.

O senso comum é acumulado ao longo da vida de cada um de nós e acaba sendo transmitido de geração em geração. É um tipo de conhecimento não científico, formado pelas nossas impressões subjetivas sobre o mundo, fruto das nossas experiências pessoais. Soma-se a isso o conhecimento proveniente de nossos antepassados, de acordo com as suas próprias experiências subjetivas. Embora não seja científico por natureza, o senso comum pode ser útil. Aquele truque especial que você aprendeu, por tentativa e erro, para fazer um misto-quente perfeito, por exemplo, ou o hábito adquirido dos seus pais de escovar os dentes após as refeições são exemplos de decisões acertadas, baseadas no senso comum.

Embora esse seja um tipo de conhecimento popular e prático que nos orienta no dia a dia, por não ser testado, verificado ou analisado por uma metodologia científica, permanece com um alto grau de incerteza sobre a sua validade. Ou seja, é um conhecimento tradicionalmente bem aceito, que pode ou não estar correto ou em consonância com a realidade. Por exemplo: o senso comum nos diz que tomar leite com manga faz mal. Trata-se, contudo, apenas de um mito, assim como muitos outros, ensinados e perpetuados pela força da tradição e da crença, tal qual afirma Tolstoi em sua obra *Uma confissão*:

> *"Sei que a maior parte dos homens raramente são capazes de aceitar as verdades mais simples e óbvias se essas os obrigarem a admitir a falsidade das conclusões que eles, orgulhosamente, ensinaram aos outros, e que teceram, fio por fio, trançando-as no tecido da própria vida."*

É claro que a maioria das pessoas reconhece também que a Ciência é importante e necessária, mas ainda assim temos dificuldade em abrir mão das nossas crenças e do nosso senso comum, mesmo quando necessário. Tendemos a nos manter fiéis àquilo que "testemunhamos com nossos próprios olhos". E essa é a nossa maior fragilidade: nós não enxergamos bem probabilisticamente e, por esse motivo, precisamos dos óculos da Ciência.

Confiar nos "nossos olhos" – na nossa percepção pessoal – é um processo natural e compreensível, uma vez que essa é a ferramenta com que somos equipados "de fábrica" e que nos ajudou a sobreviver até aqui ao longo da nossa evolução enquanto espécie. Mas todos nós temos essa dificuldade em enxergar a realidade sem as lentes da Ciência. Se ignorarmos essa limitação, corremos o risco de dirigir com a visão prejudicada e nos acidentarmos sem nem saber o que nos atingiu.

Infelizmente não é tarefa fácil resolvermos esse conflito entre a nossa experiência pessoal e aquilo que as evidências científicas nos apresentam. No exemplo que estamos ilustrando, saber dirigir é importante. A experiência pessoal e subjetiva é importante. Mas a probabilidade de chegarmos de fato ao destino correto, com menos probabilidade de nos envolvermos em acidentes e com maior eficiência no trajeto aumenta à medida que assumimos que necessitamos de óculos científicos.

Coincidências podem acontecer durante o percurso. Podemos até mesmo dirigir um trecho do caminho de olhos fechados e ainda assim não bater o carro. Podemos fazer uma prova sem estudar e acertar questões "chutando". Podemos tomar leite com manga no mesmo dia que estamos, sem saber, com uma virose e achar que vomitamos porque essa combinação de alimentos faz mal, como diziam as gerações anteriores e o senso comum. São coincidências que reforçam uma determinada crença e que, consequentemente, nos afastam da Ciência.

É justamente esse tipo de "miopia" que precisamos evitar. E nesse sentido não temos para onde fugir: todos nós somos míopes em algum grau. É aí que a Ciência entra como um par de óculos que nos ajudam a ver o mundo com mais clareza. Ao nos fornecer uma maneira sistemática e rigorosa de coletar, analisar e interpretar dados e informações, a Ciência nos permite ver além das limitações da nossa percepção pessoal e obter uma compreensão mais precisa da realidade. O fato de você estar lendo este livro neste momento me deixa feliz, pois, assim como eu, você também sentiu a necessidade de usar estes óculos para enxergar com mais precisão toda a exuberância do universo que nos cerca.

O mundo é probabilístico, mas não foi isso que nos ensinaram. Abraçar essa realidade pode ser angustiante, afinal vivemos sob o impulso de buscar certezas, ao passo que a realidade mostra que a certeza é inatingível. Raramente reconhecemos a influência do acaso e das variáveis desconhecidas em nossas vidas. Assim, ao invés de procurar por algo absoluto, o que podemos e devemos fazer é buscar maneiras de entender e lidar com as incertezas. Se até agora o senso comum guiou suas escolhas práticas por meio de tentativa e erro, chegou o momento de mergulharmos na ferramenta mais confiável e essencial para a tomada de decisões racionais: o *pensamento científico*.

Um pouco de História e Filosofia da Ciência

"Crescemos neste planeta, aprisionados nele, em certo sentido, sem saber da existência de nada que não seja de nosso ambiente imediato, tendo que entender o mundo sozinhos. Que corajosa e difícil empreitada construir, geração após geração, em cima do que havia sido descoberto no passado; questionar o senso comum; dispor-se, às vezes à custa de grande risco pessoal, a desafiar o conhecimento predominante e fazer emergir dessa tormenta, gradativamente, lentamente, uma compreensão quantitativa, fundamentada, muitas vezes preditiva sobre a natureza do mundo que nos cerca."

Carl Sagan

Resumir a História e a Filosofia da Ciência em um único capítulo de livro seria impossível. O desenvolvimento e a sistematização de todo o conhecimento humano ao longo do tempo demandariam uma coleção de livros apenas para contemplar o fundamental nessa área.

Além disso, a História e a Filosofia da Ciência são campos interdisciplinares (que se conectam com a Antropologia, Sociologia, Linguística etc.) e que lançam olhares frequentemente divergentes sobre a delimitação do que é considerado Ciência e da sua cronologia. É importante ressaltar ainda que as escolas e universidades costumam ensinar Ciência de uma maneira não histórica, ou seja, sem mostrar o tortuoso caminho percorrido para as suas descobertas.

Pelos motivos citados, este capítulo se propõe apenas a apresentar alguns dos aspectos históricos e filosóficos relevantes sobre o tema para que, entendendo como a Ciência tem sido construída ao longo do tempo, possamos vislumbrar o seu impacto no momento presente e a forma como se projeta na direção do futuro.

A origem do desenvolvimento da Ciência moderna ocorreu predominantemente na Europa entre os anos 1500 e 1750, período também conhecido como "revolução científica". Isso não significa que pessoas que precederam essa época não tenham contribuído ou mesmo dedicado suas vidas à investigação científica. Filósofos e pensadores da Antiguidade (e também da Era Medieval) foram fundamentais para "adubar" esse terreno. Afinal de contas, revoluções não surgem do nada.

ARISTÓTELES E O PENSAMENTO DEDUTIVO

Nesses períodos pregressos à revolução científica, Aristóteles foi um nome que se destacou na Antiguidade. Embora os cientistas modernos tenham olhado com estranhamento para muitas das ideias do filósofo grego (como a crença de que a matéria seria composta de apenas quatro elementos: terra, fogo, vento e água), a chamada "lógica aristotélica" foi um dos primeiros estudos formais sobre nossa maneira de raciocinar.

Aristóteles afirmava que, em um argumento, ao empregarmos premissas corretas, é possível chegarmos a conclusões também corretas. Por outro lado, ao utilizarmos premissas erradas ou falsas, a conclusão do pensamento provavelmente também estaria errada. Essas premissas e conclusões (sentenças chamadas de proposições lógicas) seriam, portanto, ou verdadeiras ou falsas, nunca as duas coisas ao mesmo tempo. Esse tipo de pensamento dedutivo desenvolvido por Aristóteles ficou conhecido como silogismo. Em sua obra *Primeiras análises*, o filósofo define que o silogismo é um argumento composto por três proposições: duas premissas (maior e menor) e uma conclusão. O exemplo clássico utilizado pelo pensador foi: Todo homem é mortal (1). Sócrates é um homem (2), logo, Sócrates é mortal (3).

Aqui é possível perceber que a proposição número 1 corresponde à premissa maior, enquanto a proposição número 2 corresponde à premissa menor. Ambas são premissas, pois são princípios arbitrariamente definidos. Estamos partindo dos pressupostos (corretos) que todo ser humano um dia morre e que Sócrates é um ser humano. Dessa forma, conseguimos chegar à conclusão (também correta), representada pela proposição número 3.

Se todo homem é mortal e se Sócrates é um homem, a conclusão a que podemos chegar é a de que Sócrates é mortal. Esse pensamento dedutivo aristotélico parte de uma premissa maior e generalizada ("Todo homem") para chegar a uma conclusão sobre algo mais específico (Sócrates).

Aristóteles carregou essa lógica para fundamentar todo seu pensamento científico. Embora o silogismo aristotélico seja uma ferramenta útil para chegar a certas conclusões, possui importantes limitações. A principal delas sem dúvida reside no fato de que, para chegar a conclusões corretas, na maioria das vezes, é necessário que as premissas estejam corretas. E como as premissas são arbitrariamente definidas, é possível chegar a conclusões bastante inadequadas. Retornando ao exemplo de Aristóteles, se errarmos uma das premissas (por exemplo, a premissa maior), veja o que aconteceria: Todo homem é imortal. Sócrates é um homem, logo Sócrates é imortal. Porém, Sócrates morreu em 399 a.e.c. (ante da era comum ou antes da era cristã). Isso significa que nossa conclusão estava errada. E nossa conclusão estava errada porque a premissa, assumida arbitrariamente, era falsa. É possível, ainda, chegarmos a conclusões corretas por força do acaso, mesmo errando as premissas. Por exemplo: Premissa maior: Gatos são um tipo de peixe (falsa). Premissa menor: Peixes são animais que têm pelos (falsa). Conclusão: Gatos são animais que têm pelos (verdadeira).

Assim, o pensamento dedutivo, embora tenha sua utilidade na Ciência, isoladamente não é capaz de gerar novos conhecimentos de maneira a reduzir incertezas, podendo se tornar até mesmo circular. Dessa forma, pensadores posteriores sugeriram outras maneiras de raciocinar e chegar a conclusões sobre o mundo natural.

FRANCIS BACON E O PENSAMENTO INDUTIVO

Entre Aristóteles e Francis Bacon inúmeras ideias científicas surgiram. Por exemplo, em 1542, o astrônomo e matemático polonês Nicolau Copérnico publicou um livro atacando o chamado modelo geocêntrico do Universo, no qual a Terra seria o centro e os demais planetas, bem como o Sol, orbitariam ao redor dela. Em vez disso, Copérnico sugeriu que o Sol seria o centro do Universo e que os planetas, incluindo a Terra, orbitariam ao redor dele. Embora esse modelo tenha diversas imprecisões, ele serviu como uma base sólida para outros cientistas, como Johannes Kepler e Galileu Galilei, avançarem no entendimento da Astronomia, Física e Matemática.

Francis Bacon foi contemporâneo de Galileu e também participou do início da revolução científica. Como filósofo, sua obra foi dedicada à metodologia científica e ao empirismo, um modelo que justamente criticava o sistema lógico aristotélico que discutimos no tópico anterior.

A crítica de Bacon ao silogismo era a de que o pensamento dedutivo, até então vigente, afastava a filosofia da verdadeira Ciência. Segundo o filósofo, assumir determinadas premissas e gerar conclusões a partir delas seria apenas uma "antecipação da mente" e não um método verdadeiro de interpretação da natureza. Dessa forma, o pensamento dedutivo de Aristóteles, para Bacon, era enganoso e danoso para a Ciência, revelando mais sobre o próprio pensador do que sobre o Universo.

Assim, em contraponto ao método que criticava, o filósofo inglês propôs o método indutivo, no qual o observador tem o dever de se ater a dados empíricos, ou seja, obtidos por meio da experimentação e observação e não por um raciocínio lógico mental. Essa metodologia envolve a coleta de informações a partir de uma observação rigorosa da natureza, a organização sistemática e racional dos dados coletados, a formulação de hipóteses a partir desses dados e a comprovação dessas hipóteses por meio de experimentações. Nas palavras do próprio filósofo em sua obra *Novum Organum*:

> *"Só há e só pode haver duas vias para a investigação e para a descoberta da verdade. Uma, que consiste no saltar-se das sensações e das coisas particulares aos axiomas mais gerais e, a seguir, descobrirem-se os axiomas intermediários a partir desses princípios e de sua inamovível verdade. Esta é a que ora se segue. A outra, que recolhe os axiomas dos dados dos sentidos e particulares, ascendendo contínua e gradualmente até alcançar, em último lugar, os princípios de máxima generalidade. Este é o verdadeiro caminho, porém ainda não instaurado."*

Em outras palavras, enquanto no método dedutivo nós partimos de uma premissa geral arbitrária em direção a uma conclusão mais específica (Todos os homens são mortais → Sócrates é mortal), no método indutivo fazemos o inverso: partimos de observações específicas e sistemáticas da natureza para tentar chegar a uma generalização. Por exemplo: Platão é um homem e morreu (observação específica). Sócrates é um homem e morreu (observação específica). Aristóteles é um homem e morreu (observação específica). Ao que parece, podemos afirmar que todos os homens são mortais (conclusão que visa à generalização).

De fato, o método indutivo de Bacon trouxe contribuições importantíssimas e acelerou o desenvolvimento da Ciência moderna. Tanto na vida quanto na Ciência, a indução é amplamente utilizada. O método, no entanto, não é isento de limitações. Há, por exemplo, pouca valorização da hipótese, como se a observação constante da natureza sempre acabasse conduzindo, em algum momento, a hipóteses generalizáveis. Contudo, a indução por si só não é capaz de garantir generalizações inequívocas, como veremos mais adiante. Além disso, as críticas ferrenhas do filósofo ao método dedutivo ignoraram a importância desse tipo de raciocínio na matemática, ferramenta fundamental para o avanço científico.

A DÚVIDA MOVE O CONHECIMENTO

Embora tenhamos nos focado aqui no embate entre os métodos dedutivo e indutivo e seus principais representantes, o desenvolvimento científico continuou a efervescer durante esse período de revolução. Contemporaneamente a Bacon e Copérnico, o filósofo e matemático francês René Descartes também contribuiu grandemente com a Ciência. Considerado o "pai do racionalismo", defendeu a tese de que a dúvida seria o primeiro passo para se chegar ao conhecimento, estabelecendo bases importantes para o ceticismo científico (tópico que iremos nos aprofundar no capítulo "Ceticismo é diferente de negacionismo").

Em sua obra *Discurso do método*, Descartes estabelece o ceticismo metodológico, que consiste em duvidar de todos os conhecimentos que não sejam evidentes de maneira irredutível. Em suas próprias palavras:

"Evitar cuidadosamente a precipitação e o preconceito; não incluir nos nossos juízos senão o que se apresentasse tão clara e tão distintamente ao nosso espírito que não tivéssemos nenhuma ocasião para o pôr em dúvida."

Esse pensamento se contrapôs a muitos dos filósofos da Antiguidade que acreditavam na existência das coisas simplesmente pelo fato de que elas deveriam existir. Descartes afirmava que só seria possível dizer que algo verdadeiramente existe se aquilo pudesse ser conhecido como evidência. Foi por meio desse pensamento (com características dedutivas) que o filósofo francês provou a existência do "eu pensante".

Eu posso duvidar de cada crença, de cada sensação. Posso desconfiar de todos os meus sentidos e achar que tudo é uma ilusão, mas ainda que eu duvide e seja cético sobre a existência de tudo, algo precisa necessariamente existir: o ato de duvidar (e consequentemente o ser que estaria duvidando). Nas célebres palavras do próprio Descartes: "Penso, logo existo".

Faz parte do seu método cartesiano a observação de algumas regras: 1) a verificação da existência de evidências indubitáveis acerca do fenômeno estudado, 2) a divisão do objeto de estudo em unidades mais simples para facilitar a sua análise, 3) a reunião dessas unidades estudadas voltando a compor um todo e 4) a enumeração das conclusões e princípios utilizados, deixando claro o caminho percorrido.

Além de todos os avanços na Matemática e Geometria que sequer foram mencionados aqui, Descartes foi um dos filósofos que mais influenciou o pensamento ocidental, inspirando diversos filósofos posteriores, incluindo aqueles que discordaram da sua forma de pensar mais dedutiva, como John Locke, David Hume e George Berkeley.

LOCKE, HUME E BERKELEY: O TRIO DO EMPIRISMO BRITÂNICO

Embora Descartes tenha chegado a uma conclusão verdadeira (a existência do "eu pensante") por meio de seu método, ele também acabou sendo conduzido para conclusões duvidosas, o que, décadas depois, levou ao questionamento por parte de alguns filósofos de que o pensar, por si só, não seria suficiente para gerar conclusões confiáveis, podendo levar a "becos sem saída". Algo semelhante à crítica de Francis Bacon sobre o silogismo aristotélico.

Em uma coisa todos pareciam concordar: a base do avanço do conhecimento deve ser o ceticismo. Duvidar é fundamental. Porém, a forma de responder ao ceticismo pode variar. Para Descartes (com uma boa dose de dedução aristotélica), a resposta estava no racionalismo: a crença de que a razão seria a fonte mais confiável de conhecimentos. Para seus oponentes filosóficos (influenciados pela indução de Francis Bacon), a resposta estaria no empirismo: a crença de que a experiência sensorial seria a fonte mais confiável de conhecimentos.

Um desses oponentes foi o filósofo inglês John Locke. Locke acreditava que todos nós nascemos como uma folha de papel em branco, argumentando que todo conhecimento seria obtido por meio da experiência, que é mediada pelos nossos sentidos. Contudo, assim como Descartes, o filósofo inglês não confiava cegamente em seus sentidos, afinal, todos nós podemos ser enganados por eles. Sabemos que nossos sentidos não são infalíveis na função de reconhecer e identificar a realidade: desde situações corriqueiras, como a falsa impressão de ouvir seu nome ser chamado por alguém, passando pelas inúmeras ilusões de ótica que confundem nossa observação, até situações mais complexas, como alucinações visuais ou auditivas presentes em transtornos psiquiátricos como a esquizofrenia.

Para Descartes, isso desrespeitava a principal regra do ceticismo metodológico (a verificação da existência de evidências indubitáveis acerca do fenômeno estudado) e, por isso, a experiência sensorial não teria validade como fonte de conhecimento. Já Locke preferiu preservar a confiança no mundo material, mas introduzindo uma distinção entre o que chamou de qualidades primárias e secundárias das coisas, de modo a tornar as análises sensoriais mais objetivas. Qualidades primárias seriam aquelas inerentes, intrínsecas aos objetos físicos, ou seja, pertencentes a eles. Por exemplo, o peso ou a densidade de uma maçã seria uma característica intrínseca da própria maçã. Já as qualidades secundárias seriam menos objetivas e "reais", gerando discordância entre os observadores. Seriam características que pertencem à nossa mente, mas chegam até ela por meio das qualidades primárias. Nesse sentido, a cor ou o sabor de uma maçã podem ser definidas, segundo Locke, como qualidades secundárias, pois dependem da nossa interpretação sensorial de qualidades primárias.

Em resumo, independentemente de quem observe uma maçã de 130g, a maçã sempre terá 130g. Essa seria, portanto, uma qualidade primária da fruta. Porém, diferentes pessoas observando e saboreando uma mesma maçã poderiam discordar sobre sua cor (vermelha, avermelhada, rosada, carmim etc.) ou seu sabor (doce, um pouco azeda, saborosa, amarga etc.). Essas qualidades que dependem da interpretação sensorial do organismo de cada pessoa seriam as secundárias e, portanto, menos objetivas e confiáveis.

Um filósofo amplamente influenciado pelas ideias de Locke foi George Berkeley. Berkeley não se satisfez com a separação entre qualidades primárias e secundárias proposta por Locke, afirmando que ao perceber, por exemplo, uma maçã, tanto qualidades primárias quanto secundárias são consideradas simultaneamente pelo observador. Seria impossível ver uma maçã e ignorar a sua cor, por exemplo. Ou seja, ao eliminar suas características secundárias (se isso fosse de fato possível), a fruta seria descaracterizada e não sobraria maçã nenhuma.

Assim, se para Locke, as qualidades secundárias seriam ilusórias, para Berkeley, como qualidades secundárias são intrinsecamente ligadas às primárias, sua conclusão foi a de que a matéria como um todo seria ilusória, existindo apenas as percepções do observador. Assim cunhou a frase: "Ser é ser percebido". Contudo, o raciocínio de Berkeley possui uma falha fundamental: se as coisas só existem quando são percebidas, o que acontece quando paramos de percebê-las? E se eu existo, porque sou capaz de me perceber (ou porque sou percebido por outras pessoas), eu deixo de existir quando eu durmo sozinho? Para resolver esse dilema, Berkeley apelou para a existência de Deus como um observador supremo que, ao observar tudo e todos, manteria a existência do mundo, mesmo quando não estamos prestando atenção em algo.

Finalizando esse trio, temos David Hume, também opositor da filosofia de Descartes e que foi fortemente influenciado por Locke e Berkeley. Entre os pontos importantes de seu trabalho estão suas reflexões sobre a causalidade (conceito em que iremos nos aprofundar no capítulo "Lógica como aliada da Ciência"). Se dois eventos A e B acontecem com muita proximidade e de maneira recorrente, podemos nos convencer de que A é causador de (ou causado por) B? Para Hume, essa é uma noção muito "fraca" de nexo causal e revela uma fragilidade do pensamento indutivo: não é sempre que podemos fazer inferências indutivas sobre o mundo.

O filósofo pondera que o pensamento indutivo só funciona vinculado a duas justificativas: 1) o futuro tende a ser semelhante ao passado e 2) o método indutivo funcionou diversas vezes no passado. Mas e se o futuro for caótico e se diferenciar muito do modo que as coisas aconteceram no passado? O fato de a indução ter funcionado para obtenção de novos conhecimentos e avanços científicos significa que sempre irá funcionar? Para aceitarmos as justificativas citadas, temos que usar o pensamento indutivo, justamente o alvo da crítica de Hume.

Dito de outra forma, Hume afirma que para a indução de fato funcionar, seria necessário assumir o pressuposto da "uniformidade da natureza", ou seja: os fenômenos que observamos no passado devem se repetir de maneira uniforme no futuro. Se todos os dias em que eu vivi, o Sol nasceu pela manhã, então amanhã de manhã o Sol nascerá novamente. Se todos os dias que eu usei meu computador para escrever este livro que você está lendo ele não explodiu, então se eu usar meu computador hoje, ele não vai explodir. A crítica de Hume é para o fato de que é possível imaginar situações nas quais a natureza não será uniforme. Um computador que nunca explodiu pode um dia explodir sem uma razão aparente, assim como o Sol poderá deixar de existir em um futuro longínquo. Ou seja, a indução pura e simples, baseada na observação do passado, não garante confiabilidade sobre as inferências e predições que queremos fazer do futuro.

KARL POPPER: O RETORNO DA CIÊNCIA COMO FORMA DE CONHECIMENTO RACIONAL

Dando um salto em nossa linha do tempo, no início dos anos 1900, o filósofo austríaco Karl Popper se destacou por rejeitar o pensamento indutivo clássico, que, conforme acompanhamos até aqui, havia ganhado muito espaço na Ciência. Popper se debruçou sobre a tentativa de delimitar o que poderia ser considerado Ciência e separar isso do que chamou de pseudociência (que abordaremos com mais profundidade no capítulo "Ciência ou pseudociência?").

Durante sua trajetória filosófica, Popper percebeu que grandes pensadores utilizavam métodos diferentes para confirmar suas hipóteses e teorias. Por exemplo, observou que Sigmund Freud (criador da psicanálise) era capaz de formular e justificar sua teoria a partir de praticamente qualquer dado pregresso de seus pacientes. Ao mesmo tempo, percebeu que Einstein havia formulado uma teoria (da Relatividade) que dependia dos resultados de um eclipse em 1919 para se confirmar ou ser refutada.

Para Popper, a grande diferença entre essas duas situações era a de que Einstein poderia ter a sua teoria refutada dependendo do resultado objetivo de um eclipse, enquanto Freud poderia sempre reinterpretar as informações dos seus pacientes de modo a manter a confirmação da sua teoria. E é nesse ponto que ele faz sua crítica ao método indutivo.

Para os filósofos de pensamento indutivista, como Francis Bacon, que já estudamos aqui, se eu quisesse fazer, por exemplo, uma relação entre cisnes e a cor desses cisnes, eu deveria partir da observação: eu observo um cisne e ele é branco. Observo 10 cisnes e eles são brancos. Observo 1.000 cisnes e eles são brancos. Formulo então a hipótese generalizável de que todos os cisnes são brancos. Apesar de essa ser uma forma interessante de raciocinar, podemos fazer a crítica de Hume aqui: mas e se a natureza não for uniforme? E se hoje você encontrar um cisne de outra cor?

A visão de Popper retornou ao processo dedutivo. Sua ênfase estava na eliminação, na possibilidade de refutar a hipótese e não na verificação dela por indução. Para o filósofo austríaco, todos nós temos noções preconcebidas sobre aquilo que desejamos observar, ou seja, sempre temos um palpite. Se eu quero observar cientificamente os cisnes, isso significa que me importo o suficiente com cisnes para querer fazer isso e, portanto, tenho alguma noção prévia sobre o assunto e um possível palpite: "De acordo com o que eu conheço do mundo, eu imagino que os cisnes sejam brancos".

Como já temos uma crença prévia, devemos então tomar o cuidado para não usar um método que apenas confirme essa crença. Para Popper, métodos que servem apenas para confirmar nossas crenças são característicos da pseudociência. Em suas próprias palavras "Não importa quantos fenômenos de cisnes brancos possamos ter observado, isso não justifica a conclusão de que todos os cisnes são brancos".

Por exemplo, se você está buscando a prova de que Papai Noel existe (sua crença), encontrar presentes embaixo da árvore de Natal pode ser suficiente para confirmar essa crença ilusória. Esse não seria um bom método científico para avaliar a existência do Papai Noel. Já o ponto-chave da Ciência seria a "desconfirmação", ou seja, a refutação da hipótese. Ao refutar falsas crenças, nós estaríamos nos aproximando mais daquilo que é verdade.

Dessa forma, Popper cunhou o conceito de falseabilidade: o único teste verdadeiro de uma teoria seria aquele que tenta falsificá-la. Se você está testando a realidade do Papai Noel, então o seu método deveria consistir em tentar provar que ele não existe, em vez de tentar provar que ele existe. Talvez ficar acordado e observar quem coloca os presentes embaixo da árvore de Natal seja suficiente para descobrir que foram seus pais (e não o Papai Noel) que fizeram isso. Pronto, a hipótese da existência do Papai Noel foi refutada!

No contexto popperiano, uma hipótese que seja irrefutável não seria uma hipótese sequer científica. Se não pode ser testada, então seu valor científico se torna baixo. Colocando tudo isso em outras palavras: para Karl Popper, se você realmente quer confiar em uma crença de um modo científico, você precisa colocar sua crença à prova, em todos os sentidos possíveis. Somente assim você estaria diante de um conhecimento científico. E, para finalizar, talvez venha a parte mais "dolorosa" desse processo: após refutar uma hipótese, você precisa estar disposto a abrir mão dela. Isso significa deixar a sua crença de lado quando ela já foi refutada, aceitar as evidências e seguir em frente.

USANDO PROBABILIDADES PARA MELHORAR O PROBLEMA DA INDUÇÃO

Embora Popper tenha trazido de volta um pouco da visão dedutiva, parte significativa da Ciência continuou tendo seus alicerces no método indutivo. Alicerces que foram abalados com o problema da indução levantado por Hume anteriormente neste capítulo: a indução clássica, baseada na observação do passado não garante confiabilidade sobre as inferências e predições que queremos fazer do futuro.

Apesar de esse ser um problema difícil de ser completamente resolvido, alguns filósofos e cientistas encontraram na probabilidade e na estatística a melhor forma de lidar com ele. Seria algo como: "Ok, por meio da indução não podemos garantir uma conclusão absolutamente verdadeira, mas podemos demonstrar que esta é uma conclusão mais (ou menos) provável". Ou seja, ainda que não possamos, na Ciência, alcançar a certeza, por meio da estatística podemos ter ideia do quão provável uma conclusão deve ser. Somos capazes, portanto, de ao menos reduzir nossas incertezas (abordaremos mais sobre isso no capítulo "A certeza não existe") e isso pode ser suficiente para tomarmos decisões mais acertadas.

Suponha que João acredite que na manhã do dia seguinte o sol vai nascer. Por outro lado, José acredita que o sol não nascerá amanhã de manhã. Em qual opinião você apostaria suas fichas?

Dado o fato de que em toda nossa história o Sol sempre nasceu na manhã do dia seguinte, existe uma altíssima probabilidade de João estar certo. Talvez filosoficamente não possamos afirmar com certeza que o Sol nascerá amanhã, de maneira dogmática, assim como Hume nos alertou. Por outro lado, de maneira mais prática, devido aos dados que já coletamos sobre o mundo até agora, podemos fazer a predição de que existe uma grande probabilidade de isso acontecer. Por esse motivo, se tivéssemos que apostar no palpite de João ou de José, seria mais lógico apostar em João. Note que a decisão de apostar na opinião de João, nesse caso, está baseada em probabilidades. A probabilidade de que o Sol irá nascer é maior do que a probabilidade de ele não nascer, e esse cálculo pode ser feito com base em todas as observações que já fizemos sobre o nascer do Sol até hoje.

Cientistas com habilidades estatísticas fizeram grandes contribuições nessa área e estabeleceram critérios estatísticos e probabilísticos que até hoje ajudam a orientar nossas decisões de aceitar ou rejeitar determinadas hipóteses científicas. Embora não resolva satisfatoriamente o problema filosófico de Hume, o pensamento probabilístico tornou mais viável e racional a aplicação prática do pensamento indutivo na Ciência.

ROBERT MERTON E AS NORMAS SOCIAIS E CULTURAIS QUE GUIAM A PRÁTICA CIENTÍFICA

Ainda que na Ciência exista uma busca por objetividade, é importante lembrar que ela é conduzida por cientistas, que estão inseridos em um contexto histórico, social e econômico. Sendo assim, a prática científica não está isolada das condições de seu tempo e lugar. De fato, como discutido ao longo deste capítulo, a história da Ciência é repleta de exemplos de como fatores externos ao campo científico têm influenciado o desenvolvimento do conhecimento (abordaremos mais sobre isso no capítulo "A Ciência não é neutra. E isso não diminui seu valor").

Ainda no século XX, o sociólogo americano Robert K. Merton destacou-se em suas contribuições para a filosofia da Ciência. Em vez de focar nas estruturas lógicas e nos métodos empregados pelos cientistas, Merton estava mais interessado nas normas sociais e culturais que guiavam a prática científica: o *ethos* da Ciência.

Segundo Merton, há quatro princípios fundamentais que moldam a cultura da ciência, como se fossem um código de conduta dos cientistas:

1. Universalismo: a Ciência não reconhece fronteiras nacionais, étnicas ou de gênero. Uma descoberta ou hipótese deve ser avaliada com base em seu próprio mérito, independentemente de quem a tenha proposto.
2. Comunismo (no sentido de compartilhamento): os resultados da Ciência devem ser de domínio público, compartilhados livremente entre os cientistas. Isso é crucial para a construção coletiva do conhecimento.
3. Desinteresse: os cientistas devem estar motivados pela busca do conhecimento, não por ganhos pessoais ou políticos.
4. Ceticismo organizado: os cientistas devem questionar constantemente as ideias existentes, inclusive as suas próprias. Isso promove a revisão e, consequentemente, o avanço do conhecimento.

Merton via a Ciência como uma instituição social, enraizada na estrutura da sociedade, mas ao mesmo tempo moldando essa estrutura através de suas descobertas e inovações. Seu conceito de *ethos* científico realça a importância das normas e dos valores na prática da ciência. Suas contribuições filosóficas podem auxiliar a garantir que os cientistas sigam um processo honesto e rigoroso na busca pelo conhecimento, sempre prontos a desafiar as verdades estabelecidas e compartilhar livremente suas descobertas.

O pensamento de Merton complementa as ideias de outros filósofos e pensadores que discutimos neste capítulo, introduzindo uma perspectiva sociológica para a filosofia da Ciência: um lembrete importante de que a Ciência não é apenas uma atividade intelectual, mas também um fenômeno social que é influenciado – e influencia – a sociedade em que se insere.

THOMAS KUHN E AS REVOLUÇÕES CIENTÍFICAS

Em 1962 o filósofo norte-americano Thomas Kuhn se tornou amplamente conhecido no âmbito da Filosofia da Ciência, por meio da sua obra *Estrutura das revoluções científicas.* Devido a sua formação tanto em História quanto em Física, Kuhn observou que, no decorrer da história, a Ciência ao mesmo tempo foi entendida como uma atividade totalmente racional e controlada, mas também como uma atividade que acontece ao longo do tempo e que, dependendo de cada época, apresenta peculiaridades e características próprias.

Sob esse olhar, o filósofo estabeleceu uma espécie de "ciclo histórico" da Ciência, que tende a se repetir. Esse ciclo envolveria as seguintes etapas:

1. *Estabelecimento de um paradigma:* uma espécie de consenso da comunidade científica sobre um determinado conjunto de conhecimentos.
2. *A Ciência normal:* período no qual são desenvolvidas atividades científicas baseadas nesse paradigma. Ou seja, o trabalho científico é voltado a demonstrar o quão sólido é esse "consenso" científico que foi alcançado.
3. *Situação de crise*: em determinadas ocasiões, esse conjunto de conhecimentos já estabelecidos não é mais capaz de resolver problemas

importantes da sociedade e por isso há necessidade de superar esse paradigma.

4. *A Ciência extraordinária:* período no qual se tenta criar novos paradigmas até que algum de fato possa se estabelecer.
5. *Revolução científica:* quando um consenso já estabelecido é substituído por um novo paradigma, na visão de Kuhn, estamos diante de uma revolução científica.
6. *Estabelecimento de um novo paradigma:* retorna-se ao item 1 do ciclo, com o novo paradigma estabelecido.

Por exemplo, segundo Kuhn, quando falamos de Copérnico (que citamos no início deste capítulo):

1. Havia o paradigma, ou seja, o consenso de que a Terra era o centro do Universo e os planetas e o Sol orbitavam ao redor dela. Essa teoria, chamada de geocêntrica, seria o "paradigma estabelecido".
2. A maioria dos filósofos e cientistas dessa época trabalhavam tendo como base essa teoria. Essa seria a "Ciência normal" daquela época.
3. A teoria geocêntrica não foi mais capaz de responder satisfatoriamente às demandas da época. Estabeleceu-se então uma "crise".
4. Novos paradigmas começaram a surgir, entre eles a teoria heliocêntrica de Copérnico, que afirmava que o centro do Universo seria o Sol, sendo orbitado pelos demais planetas. Esse seria um período de "Ciência extraordinária".
5. A teoria heliocêntrica começou a substituir a teoria geocêntrica, provocando uma "revolução científica" nessa área.
6. A teoria heliocêntrica tornou-se o novo paradigma até ser superado em uma nova revolução científica, dando continuidade ao ciclo.

Dessa forma, para Kuhn, a Ciência avançaria por meio de revoluções, com novos paradigmas substituindo paradigmas antigos em saltos, mediados por uma alternância entre períodos de "Ciência normal" e de "Ciência extraordinária".

REFUTAÇÃO, REVOLUÇÃO OU... COMPATIBILIDADE?

O filósofo da Ciência argentino Mario Bunge é um exemplo do quanto o pensamento científico continua a evoluir mesmo na contemporaneidade. Falecido em 2020, Bunge foi um forte opositor das pseudociências e defensor do realismo científico, uma abordagem filosófica que considera que as teorias científicas são descrições aproximadamente verdadeiras da realidade e que, ainda que tenham limitações explícitas, ajudam a construir teorias futuras mais precisas e que vão descrever o mundo com maior veracidade do que era descrito antes.

Nesse sentido, ao tentar definir o que é Ciência e como ela funciona, Bunge fez críticas tanto ao método indutivo quanto ao conceito de falseabilidade popperiano, considerando as duas abordagens simplistas demais. Da mesma forma, criticou também o conceito de "revolução científica" de Kuhn ao afirmar que a Teoria da Relatividade de Einstein, por exemplo, não aniquilou ou substituiu a Física clássica. Ao contrário, deu continuidade aos trabalhos de cientistas que o antecederam. Sendo assim, para Bunge, revoluções científicas não são tão drásticas quanto afirma Kuhn, mas, sim, revoluções parciais.

Além disso, mais importante que a verificação por indução, que o falseamento de hipóteses ou que revoluções científicas radicais, seria a compatibilidade dos novos conhecimentos com a maior parte do conhecimento já construído até então. Isso não significa aceitar passivamente o conhecimento vigente, mas sim considerar as novas descobertas à luz do ecossistema científico no qual estão inseridas. Assim como os demais filósofos que abordamos neste capítulo, Bunge também acreditava na importância do ceticismo e na necessidade de estarmos aptos a abrir mão de nossas crenças, se escolhemos seguir o caminho da Ciência. Mas, nesse contexto, a dúvida seria apenas uma ferramenta, não o objetivo final. O verdadeiro objetivo da Ciência seria o de compreender o mundo com teorias capazes de resistir aos diversos testes, incluindo a observação e a experimentação.

PONDERANDO SOBRE O PRESENTE E O FUTURO DA CIÊNCIA

O filósofo sueco Sven Ove Hansson (nascido em 1951), assim como Bunge, é um defensor fervoroso da Ciência e suas metodologias. Mas, distinguindo-se dos filósofos citados anteriormente neste capítulo, Hansson dedica atenção especial à ética da Ciência. Para ele, os cientistas devem estar conscientes do impacto social de seu trabalho. Em sintonia com a visão de Merton sobre a Ciência em seu contexto social e histórico, Hansson ressalta que o desenvolvimento científico está interligado com os valores éticos, os sistemas sociais e o ambiente natural.

Nesse sentido, devemos reconhecer que cientistas possuem também uma responsabilidade ética. Eles não devem, portanto, apenas buscar a verdade, mas também considerar como o seu trabalho pode afetar a sociedade e o ambiente, tanto positiva quanto negativamente. Assim, os cientistas devem levar em consideração os possíveis usos e abusos de suas descobertas e os impactos de longo prazo de seu trabalho.

Enquanto Popper e Bunge acreditavam no potencial da Ciência para produzir conhecimento confiável e útil, Hansson adiciona outra dimensão ao valor da Ciência: o dever ético dos cientistas de contribuir para o bem comum e minimizar danos. Essa é uma questão importante, especialmente considerando a capacidade da Ciência moderna de causar impactos significativos, para melhor ou para pior, em nossa sociedade e nosso planeta. Sob essa ótica, questões urgentes como mudanças climáticas e desigualdades sociais ressaltam a importância da responsabilidade e da consciência na condução da pesquisa científica. A Ciência, nesse sentido, deve ser vista não apenas como uma busca pela verdade, mas também como um compromisso com a criação de um futuro mais seguro e justo para todos.

Além disso, Hansson também se envolveu com o problema da demarcação entre o que é ou não científico. Enquanto Popper propôs a falseabilidade como critério principal, Hansson argumenta que a demarcação não pode se basear apenas em critérios metodológicos. Ele aponta que muitas teorias científicas, em seu estágio inicial, não são necessariamente falseáveis, mas ainda assim são partes válidas da pesquisa científica. Além disso, o filósofo incorpora as implicações éticas e sociais do trabalho científico nessa demarcação. Ou seja, uma prática que negligencia a consideração de suas consequências para a sociedade e para o meio ambiente, por exemplo, não deveria ser aceita como Ciência, mesmo que siga rigorosamente os procedimentos metodológicos.

Assim, Hansson nos convida a repensar a Ciência em termos mais amplos, considerando não apenas os aspectos técnicos e metodológicos, mas também os contextos sociais e éticos em que opera.

Por fim, este capítulo se propôs a apresentar alguns conceitos e personalidades importantes na trajetória da história da Ciência. Como você deve ter percebido, ao longo do tempo houve muita discussão sobre esse tema e é provável que essa discussão continue a evoluir no futuro, indefinidamente. Que bom, pois é assim que nossos conhecimentos são construídos, aprimorados e, quando necessário, substituídos. Como afirmei no início deste capítulo, esses são apenas alguns dos pontos fundamentais que vão nos ajudar a compreender os conteúdos que serão apresentados e discutidos ao longo deste livro, uma amostra de conceitos filosóficos importantes que convergem para a nossa próxima parada: o raciocínio científico.

Racionalidade científica: saindo do piloto automático

"Do nascimento à morte, o homem vive servo da mesma exterioridade de si mesmo que têm os animais. Toda a vida não vive, mas vegeta em maior grau e com mais complexidade. Guia-se por normas que não sabe que existem, nem que por elas se guia, e as suas ideias, os seus sentimentos, os seus atos são todos inconscientes – não porque neles falte consciência, mas porque neles não há duas consciências."

Fernando Pessoa

Você já se perguntou por que fazemos o que fazemos? No dia a dia estamos sempre agindo, fazendo algo. Porém, em boa parte do tempo estamos agindo pelo simples fato de agir. Conscientes, pois estamos acordados executando uma tarefa, mas sem consciência plena sobre o que estamos fazendo. Sem refletir sobre a (ausência de) racionalidade científica por trás das nossas ações, algumas das quais que se perpetuaram simplesmente por uma tradição.

"Há coisas erradas. Mas se são erradas por muito tempo, viram tradição". Essa frase dita no episódio cinco da terceira temporada da série *Big Mouth* (Netflix) representa muito bem uma das maiores consequências negativas das nossas ações irracionais. Mesmo erradas, elas podem se perpetuar na forma de tradições, sob o pretexto de se repetirem continuamente através do tempo. Esse é o risco que corremos ao confiarmos apenas no senso comum.

O que aprendemos até agora é que a Ciência é distinta do senso comum e das nossas convicções pessoais. Ela utiliza um método sistemático para chegar a conclusões, com o objetivo de capturar a realidade da forma mais precisa possível até aquele momento. Percebemos também que encontrar o melhor caminho que conduz a conclusões científicas não é uma tarefa simples e que muitas pessoas já se debruçaram sobre esse assunto ao longo da história, inclusive com algumas divergências na forma de pensar.

Ainda assim, o pensamento científico moderno convergiu muitas dessas ideias no sentido de tentar reduzir as incertezas que temos sobre o mundo e aumentar nossa consciência sobre ele. Seja refutando, verificando ou revolucionando hipóteses e teorias, temos feito isso com a ajuda da lógica (que aprofundaremos no próximo capítulo), por meio da experimentação e da observação e com o auxílio da matemática e da estatística. Portanto, uma hipótese sempre deve ser julgada por alguns "juízes": a consistência lógica, a conformidade com os fatos e, como Bunge nos ensinou no capítulo passado, a compatibilidade com o ecossistema científico. No entanto, é crucial lembrar que a ciência tem suas próprias limitações. Mesmo um método rigoroso não elimina totalmente a possibilidade de erros ou influência de preconceitos e vieses. Da mesma forma, a ciência frequentemente levanta mais perguntas do que respostas, mantendo um espaço para o debate e a evolução do conhecimento.

NÃO SEJA UM "TURISTA DA CIÊNCIA"

É fundamental destacar que o pensamento científico não é importante apenas para os cientistas, mas também para qualquer um de nós. Ele nos empodera para tomar decisões informadas sobre questões que vão desde a saúde pública até as políticas de combate às mudanças climáticas. Nesse sentido, tornar a Ciência acessível e compreensível para todos é um imperativo ético e democrático. Ignorar isso é como assumir o estereótipo de um "turista padrão" quando faz uma viagem. Você acaba se tornando um "turista da Ciência".

Você conhece aquele tipo de turista que se deslumbra com o trivial, simplesmente porque é estrangeiro? Esse turista tira uma foto do banco de uma praça na Ucrânia, mas não dá valor à praça da sua própria vizinhança. Tira fotos descoladas no muro pichado de Nova York, mas critica a pichação de São Paulo. O turista da Ciência se impressiona com algo simples ou até mesmo ineficaz ou sem utilidade, só porque vem de fora: "Isso faz parte da medicina tradicional chinesa", "A nova medicina germânica traz inúmeros benefícios aos pacientes", "Esse detox foi desenvolvido no sul da Polinésia, lá as pessoas vivem em média 167 anos". Um turista padrão compra um monte de cacareco ou *souvenirs* que não serão úteis, simplesmente porque se empolga com a excitação do momento e com a simpatia do vendedor. O turista da Ciência compra muitas ideias e até produtos/intervenções irracionais, pela sua impulsividade e pela lábia de quem vende ou oferece um determinado serviço.

Além disso, o turista padrão não se importa com a verdadeira história do local que está visitando ou com a situação das pessoas que vivem ali. Por exemplo: a região pode estar precisando de chuvas, por causa de uma seca rigorosa, mas o turista padrão não quer que chova, porque se chover ele não vai conseguir aproveitar a sua viagem. O turista da Ciência não se importa de fato com a Ciência, com seu método e sua história. Ele quer apenas se "sentir científico" na sua própria concepção ilusória de Ciência. Deseja curtir a sua viagem pseudocientífica, sem se preocupar com a realidade e costuma se irritar caso seja contrariado.

O turista padrão adora se gabar das suas viagens. Seleciona e posta nas redes sociais as fotos mais bonitas e fala para todo mundo: "Você precisa conhecer esse lugar, é incrível". Mesmo que ele passe por situações ruins ou tenebrosas, o turista padrão precisa mostrar que a sua viagem foi maravilhosa e que valeu a pena. O turista da Ciência também ama se gabar do tratamento quântico que fez. Posta fotos do procedimento estético "milagroso" a que se submeteu. Fala para todos: "Você precisa fazer o 'tratamento x', é maravilhoso!". E mesmo que se prejudique ou não perceba bons resultados, quer mostrar de alguma forma que o investimento que fez valeu a pena.

O cerne do problema está nesta falta de racionalidade: o turista típico, que viaja somente pelo ato de viajar, pode explorar inúmeros lugares, mas sem extrair qualquer aprendizado dessas experiências. Vive a ilusão que confirma a expectativa que tinha ao querer viajar. E molda suas memórias e relatos para atender a isso. O turista da Ciência, que age apenas por agir, não aprende nada com suas ações. Vive a ilusão que confirma a expectativa que tinha ao tomar suas decisões. E molda suas impressões posteriores para atender a essa ilusão.

"A VERDADE ESTÁ LÁ FORA" X "EU QUERO ACREDITAR"

Nos anos 1990, a série de ficção científica *Arquivo X* fez muito sucesso no Brasil e no mundo. Nela, os agentes do FBI Fox Mulder e Dana Scully investigavam os chamados "arquivos x", casos não solucionados envolvendo supostos fenômenos paranormais e extraterrestres. Mulder tinha uma cabeça mais "crente", ou seja, acreditava na possibilidade de sermos visitados por extraterrestres ou na existência de fenômenos paranormais. Já Scully era mais cética, fazendo um contraponto a Mulder.

Um dos principais pontos abordados na série era a questão da visita de alienígenas à Terra. O seriado explorava muito desse "folclore extraterrestre". Curiosamente, havia dois *slogans* na série que chamavam a atenção: "A verdade está lá fora" (*The truth is out there*) e "Eu quero acreditar" (*I want to believe*). São citações que chamam a atenção não apenas por serem marcantes, mas por serem incompatíveis entre si. "A verdade está lá fora", isso é bem provável. Mesmo sabendo que não chegaremos à certeza absoluta, a Ciência busca incessantemente conhecer melhor nosso mundo e seus fenômenos da maneira mais precisa possível.

Contudo, se "eu quero acreditar", ou seja, se um fenômeno depende de uma vontade própria subjetiva para existir, corremos o risco de nos desviarmos dessa "verdade". De nos desviarmos da precisão que se aproxima da realidade. Enxergaremos apenas aquilo que queremos enxergar, aquilo que já acreditávamos previamente. Enfim, olharemos apenas "para dentro". Se queremos de fato nos aproximar de "verdades objetivas", é necessário abandonar a crença e abraçar a dúvida. A verdade está lá fora em algum lugar, mas, quando sou apresentado a algo que de alguma forma confirma meus anseios e meus preconceitos, "eu preciso duvidar, questionar".

"A verdade está lá fora" e "eu preciso questionar" aquilo que confirma minhas crenças. Essas são frases mais compatíveis e complementares. Não se trata aqui de negar, por exemplo, a possibilidade de existência de vida inteligente extraterrestre ou até mesmo a sua capacidade remota em nos visitar. Mas é necessário perceber que essa é uma afirmação extraordinária. E, como disse Carl Sagan: "afirmações extraordinárias necessitam de evidências extraordinárias".

Um mundo povoado por indivíduos que simplesmente "querem acreditar" é um mundo que abriu mão da racionalidade científica. Um mundo governado pelo viés de confirmação (tema central do capítulo "A armadilha do viés de confirmação"), pelos gurus e pelas fraudes e ilusões. É também um mundo mais vulnerável às teorias da conspiração (que serão discutidas no capítulo "*Fake news* e a pandemia da desinformação"). É bem provável que a verdade esteja lá fora. Mas lá fora mesmo, fora de nós. A verdade é estrangeira à nossa subjetividade e a racionalidade científica é o meio mais eficiente para nos aproximarmos dela.

Pensar de maneira científica pode ser contraintuitivo. Isso porque é um processo ativo, que pode ser desafiador e exige prática e dedicação. Entretanto, os benefícios desse tipo de raciocínio são geralmente observados no médio e longo prazo. Apesar de desafiador, usar o pensamento científico para nortear nossas decisões do dia a dia é a melhor forma de desligarmos o "piloto automático" do senso comum e das crenças que governam nossas vidas, muitas vezes de maneira irracional. Ainda nas palavras de Carl Sagan:

> *"Descobrir a gota ocasional de verdade no meio de um oceano de confusão e mistificação requer vigilância, dedicação e coragem. Mas, se não praticarmos esses hábitos rigorosos de pensar, não poderemos solucionar os problemas verdadeiramente sérios com os quais nos defrontamos."*

Lógica como aliada da Ciência

"O primeiro princípio é não enganar a si mesmo. E você é a pessoa mais fácil de ser enganada."

Richard Feyman

A lógica discute o uso do raciocínio em diversas atividades. E é também o estudo normativo e filosófico do raciocínio válido. Embora seja mais estudada no âmbito da Filosofia, Matemática e, mais recentemente, nas Ciências da Computação, a lógica é um dos pilares fundamentais do raciocínio científico.

A palavra "lógica" tem como origem a vocábulo grego *logos*, que significa razão, argumentação. O ato de falar ou argumentar pressupõe que aquilo que é dito possui um sentido para quem ouve. Quando dizemos "isso tem lógica!", estamos afirmando que aquilo faz sentido, que se trata de uma argumentação racional. Portanto, a lógica nos ajuda a avaliar, de modo geral, a validade das argumentações. Ou, em outras palavras, se aquela conclusão está bem justificada e pode de fato ser afirmada, em relação à informação que está disponível.

Quando falamos, no capítulo "Um pouco de História e Filosofia da Ciência", sobre os raciocínios dedutivo e indutivo, estávamos também falando sobre lógica. Nesse contexto, exploramos um pouco do silogismo de Aristóteles e entendemos a construção dos argumentos com suas premissas e sua conclusão. A forma como comunicamos os achados científicos e como discutimos Ciência por meio de argumentos pode ser avaliada pela chamada "lógica informal", que estuda a argumentação no uso natural da linguagem. Embora pareça algo distante de nós, a verdade é que construímos argumentos o tempo todo nas nossas conversas e discussões diárias e dependemos disso para nos relacionarmos.

Conforme estudamos anteriormente, o raciocínio lógico, por si, não é capaz de gerar novas verdades, mas nos permite verificar a consistência e a coerência dos pensamentos e argumentos existentes. A lógica é aliada da Ciência porque é uma ferramenta importante para analisar e comunicar ideias, em especial, ideias científicas.

Este não é um livro sobre lógica, mas neste capítulo vamos conhecer um pouco mais sobre alguns dos argumentos que parecem lógicos, mas não são. E justamente por isso são perigosos: nos conduzem por um caminho aparentemente coerente, mas em direção a armadilhas. Por esse motivo, esses "erros" na lógica argumentativa são chamados de "falácias lógicas" e podem ser utilizados, inclusive, como uma forma de negar a Ciência.

Assim, para melhorar a nossa forma de entender e comunicar Ciência, vamos aprender o que não deve ser feito, de que forma não se deve argumentar. Longe de esgotar esse tema aqui, a seguir você conhecerá algumas das mais frequentes falácias lógicas utilizadas de maneira proposital ou por ingenuidade por pessoas que querem, a todo custo, vencer um debate ou convencer alguém do seu próprio ponto de vista.

O ARGUMENTO DE AUTORIDADE

O argumento *ad verecundiam* (ou argumento *magister dixit*) é uma expressão em latim que significa argumento de autoridade. Trata-se de uma falácia que apela para a reputação de uma autoridade como forma de validar um argumento.

Desde o nosso nascimento, aprendemos a vincular nossa sobrevivência ao reconhecimento e à obediência às autoridades, como nossos pais. Por exemplo, quando nossos pais usam sua autoridade para nos impedir de correr pela rua, eles nos protegem de potenciais riscos, como ser atropelado por um carro. Também costumamos aceitar a autoridade nas hierarquias de trabalho, bem como autoridades intelectuais de acordo com cada área.

Geralmente, esperamos que um engenheiro seja mais capaz de construir uma casa segura do que um farmacêutico. Da mesma forma, um farmacêutico seria uma fonte mais confiável de informações sobre medicamentos do que um engenheiro. A maioria daquilo em que acreditamos é confirmado por autoridades confiáveis. Por isso, em muitas situações, é importante levar em consideração aquilo que uma autoridade está dizendo.

O problema surge quando depositamos nossa confiança exclusivamente na credibilidade do autor do argumento, em vez de considerar a fundamentação apresentada para sustentar sua conclusão. A estrutura (falaciosa) desse tipo de argumento funciona assim:

- Fulano afirma algo;
- Fulano tem alguma credibilidade;
- Logo, isso que Fulano afirmou é verdadeiro.

Para ilustrar esse fenômeno, a seguir transcrevi um trecho de um livro de receitas do Açúcar União, publicado por volta da década de 1970:

> *Palavras da nutricionista Dra. Elvira Iglésias Antonelli, responsável pela Seção de Nutrição do Serviço Escolar, o qual se encarrega do problema da alimentação dos alunos de quase duas mil escolas desta Capital e do Interior: "Conforme pesquisas efetuadas em nosso meio escolar, o baixo nível de nutrição constitui uma das mais poderosas forças contra o progresso físico, mental e social da criança. O período de desenvolvimento da criança escolar se caracteriza por uma grande atividade que exige grandes gastos de energia. O lanche ideal deve fornecer entre 400 a 600 calorias, 50% das quais são fornecidas pelo açúcar e outros carboidratos." De fato, Dra. Elvira tem razão, criança privada de açúcar é desnutrida e enferma. Ouça a opinião do seu pediatra: sem dúvida ele será o primeiro a recomendar o Açúcar União.*

Aqui podemos identificar diversos erros na construção dos argumentos, mas o que nos chama mais a atenção é a citação da autoridade de uma nutricionista, Dra. Elvira, e, posteriormente, a autoridade da "opinião do seu pediatra" (uma autoridade vaga). Ou seja, a credibilidade de uma nutricionista e dos pediatras foi utilizada para se chegar a uma conclusão nutricional absurda: a de que o açúcar refinado seria importante para o desenvolvimento nutricional das crianças.

Vamos encontrar muitos exemplos assim no cotidiano, especialmente nos jornais e sites de notícias voltados ao público geral ou durante discussões e debates. Você já deve ter lido inúmeras vezes manchetes que iniciam da seguinte maneira: "Ganhador do prêmio Nobel afirma que...". E muitas vezes trata-se de uma afirmação absurda, que só é aceita por causa da credibilidade conferida pelo Nobel. São argumentos construídos apenas com base na opinião de um especialista (sem fundamentação científica adequada). Infelizmente, nem mesmo o fato de ser laureado com um Nobel é capaz de impedir o ser humano de falar besteiras ou absurdos. Por isso devemos estar atento às tentativas de validar qualquer argumento apenas recorrendo a uma autoridade.

Portanto, é perigoso confiar em uma conclusão ou argumento de uma pessoa apenas pela sua autoridade ou credibilidade. Trata-se de um erro em nosso raciocínio lógico informal que pode trazer prejuízos à Ciência e à sociedade.

APELO AO TEMPO / APELO À TRADIÇÃO

Falamos anteriormente sobre os riscos de se confiar em uma conclusão apenas pela credibilidade ou autoridade da pessoa que faz uma determinada afirmação. Porém, às vezes transformamos outras coisas em autoridade. Uma delas é o tempo.

O argumento *ad antiquitatem* (expressão latina para argumento da antiguidade), também chamado de apelo ao tempo ou apelo à tradição, é uma falácia que consiste em conferir autoridade a algo em função de sua antiguidade, da sua tradição.

Frequentemente, ouvimos declarações como "Os aparelhos de antigamente duravam mais, os de hoje não prestam" ou "Os povos antigos da China usavam essa planta para curar doenças, então ela deve funcionar". Essas são apenas algumas das inúmeras afirmações que parecem atribuir sabedoria e autoridade ao tempo. Entretanto, a passagem do tempo, por si só, não confere eficácia a um medicamento, nem resolve problemas pendentes.

Veja bem, continuar usando uma prática mais antiga que funciona não é um problema. Mas insistir em uma forma de fazer as coisas ou tomar decisões apenas porque é tradicional ou porque "sempre foi assim" pode ser um problema. E, quando esse recurso é usado em um argumento, torna-se uma falácia. A estrutura desse tipo de argumento funciona da seguinte forma:

- A é antigo;
- B é novo;
- Logo, A deve ser superior a B.

Ora, a prática da "sangria" (o ato de tirar o sangue de pessoas doentes para tentar curar suas doenças) foi usada desde 500 a.e.c., comprovada ineficaz e prejudicial em 1820 e abandonada de fato por volta de 1910. Podemos concordar que durou bastante tempo. Alguém em 1820 poderia dizer (e certamente disse): "Se a sangria não funcionasse, ela não estaria há tanto tempo sendo utilizada".

O tempo, por si só, não é evidência de eficácia, de qualidade ou de algo necessariamente bom. O que existe é uma falsa sensação de nostalgia, uma espécie de "saudade ilusória" de uma época em que nenhum de nós estava vivo e que, por isso, idealizamos e romantizamos, como se algo milenar automaticamente fosse sinônimo de algo bom, tradicionalmente eficaz. Porém, se for para considerar qualquer coisa eficaz apenas pelo fato de ser milenar, devemos então aceitar o restante do pacote que vem junto daquela época: ser politeísta, arrancar o coração pulsante de virgens e oferecer aos deuses, comer a carne dos nossos inimigos para ficarmos mais fortes, ter expectativa de vida menor que 40 anos, morrer de varíola etc.

É interessante notar ainda que o inverso também pode acontecer de maneira igualmente problemática: a valorização daquilo que é novo ou tecnológico apenas pelo fato de ser algo moderno.

Entre o argumento *ad antiquitatem* e a falácia do "novo é sempre melhor", há algo que poderia ser considerado um meio-termo: a heurística do tempo. Esse conceito sugere que, se algo perdura por um longo período, é provável que tenha alguma utilidade ou valor. No entanto, é crucial diferenciar essa heurística de um apelo cego à tradição. A heurística do tempo serve como um ponto de partida para a investigação e não como uma conclusão em si. Ela sugere que práticas ou conhecimentos antigos possam ter valor, mas requer que essa valia seja demonstrada empiricamente, em vez de simplesmente aceita. É uma forma mais equilibrada de abordar o antigo e o novo, avaliando ambos com um olhar crítico e fundamentado na razão e na evidência.

Em resumo, nem todas as características culturais da história humana ao longo do tempo representam avanços científicos. Utilizar o apelo à tradição, sem de fato avaliar racionalmente aquilo que está sendo dito é se afastar do raciocínio científico.

APELO À POPULARIDADE

O argumento *ad populum* (apelo à multidão, à popularidade) é uma expressão do latim que define um raciocínio falso que consiste em dizer que determinada afirmação é válida simplesmente porque muitas pessoas (ou a maioria delas) a aprovam. É como se o fato de muitas pessoas acreditarem em algo se tornasse automaticamente a prova de que a ideia é verdadeira. A estrutura desse tipo de argumento funciona assim:

- Muitas pessoas (ou a maioria das pessoas) acreditam que X é verdadeiro.
- Logo, X é verdadeiro.

Esse tipo de falácia pode inclusive dificultar a aceitação de teorias inovadoras ou de "revoluções científicas", como provavelmente diria Thomas Kuhn, que estudamos no capítulo "Um pouco de História e Filosofia da Ciência". Por exemplo, Galileu foi ridicularizado por apoiar o modelo heliocêntrico de Copérnico, que corretamente colocava os planetas orbitando o Sol, apenas pelo fato de que a maioria das pessoas acreditava na teoria geocêntrica.

Se a popularidade isolada fosse um indicativo de qualidade ou veracidade, então teríamos que aceitar que todos os políticos populistas são excelentes e que a canção "Caneta Azul" é um clássico da Música Popular Brasileira. É exatamente por esse motivo que a publicidade também se aproveita dessa falácia, ao tentar convencer as pessoas a comprarem um determinado produto apenas pela sua popularidade: "Todo mundo está apaixonado pelo produto X, não fique fora dessa!". Outras vezes há também variações que dialogam com a vaidade do consumidor: "Este terno não é para qualquer um. Ele é feito para pessoas bem-sucedidas, como você".

Embora possa ser atraente estar alinhado com o pensamento da maioria, isso, por si só, não valida um argumento. É possível que a popularidade de uma ideia ou produto coincida com sua qualidade ou veracidade, mas isso não é uma regra.

Sabe quando você era criança e pedia um brinquedo para sua mãe, argumentando que "todo mundo tinha ganhado um igual" e a resposta dela era provavelmente algo do tipo: "Você não é todo mundo" ou "Se todo mundo pular de uma ponte, você vai pular também?". Pois bem, essa era uma forma coloquial de a sua mãe questionar o apelo à popularidade.

Por fim, é importante notar que, contrariamente ao ditado popular, a voz do povo não é necessariamente a voz de Deus. A voz da razão não deve ser silenciada apenas para atender à voz popular.

A INVERSÃO DO ÔNUS DA PROVA E O APELO À IGNORÂNCIA

Quando debatemos sobre um determinado assunto, surge o conceito do ônus da prova – a obrigação de fornecer evidências para sustentar afirmações que se alegam como verdadeiras. Esse ônus cabe à pessoa que está afirmando algo.

A inversão do ônus da prova é uma falácia lógica, pois o indivíduo tenta se esquivar da responsabilidade de provar aquilo que está falando, transferindo para o receptor da mensagem essa obrigação. A inversão do ônus da prova se beneficia e está intrinsecamente ligada ao apelo à ignorância (argumento *ad ignorantiam*, do latim), que ocorre quando uma afirmação é assumida como verdadeira apenas porque ainda não foi comprovada falsa.

A inversão do ônus da prova e o apelo à ignorância são muito usados em debates nos quais se tenta convencer sobre a existência ou inexistência de algo. Vou dar dois exemplos: um mais folclórico, relacionado aos famosos OVNIs; e outro mais próximo do cotidiano, sobre a eficácia de medicamentos.

No primeiro exemplo, imagine uma conversa entre Maria e Joana. Maria afirma: "Extraterrestres visitaram a Terra, conforme evidenciado por inúmeros relatos de avistamento de OVNIs". Joana então rebate a afirmação: "Maria, onde estão as provas da existência de extraterrestres nos visitando?". Maria, irritada, encerra o diálogo da seguinte maneira: "Prove então para mim que extraterrestres não existem!".

Nesse exemplo, a ausência de provas acaba sendo distorcida por Maria e transformada em uma "prova por ausência de prova da não existência". Primeiramente, é preciso notar que o termo OVNI significa Objeto Voador Não Identificado. Se não é identificado, já não poderíamos identificá-lo como sendo um extraterrestre. Mas o ponto fundamental aqui é o de que não podemos fazer essa inversão de ônus da prova: "Não existem evidências de que os extraterrestres não estejam visitando a Terra, por isso, os extraterrestres existem".

O mais racional seria pensar na hipótese mais simples primeiro. Afinal, uma das principais características do pensamento científico é o chamado Princípio ou Navalha de Occam (pode ser escrito também como "Ockham"): explicações que exigem o menor número de pressupostos são geralmente as mais prováveis. Em outras palavras, menos costuma ser mais. Se há muitas explicações para um mesmo conjunto de fatos, devemos optar pela opção mais plausível. No nosso exemplo, existe uma probabilidade maior de que um objeto voando pelo céu seja um artefato construído pelo ser humano ou algum fenômeno natural mal explicado do que um alienígena vindo de outro planeta para fazer desenhos em plantações ou empilhar pedras para construir pirâmides.

De qualquer maneira, o ônus da prova não pode ser invertido. Especialmente para uma afirmação extraordinária dessas. Quem afirma que somos visitados por extraterrestres deve provar isso. Mas por algum motivo muito curioso, nenhuma dessas "visitas" relatadas até hoje deixou qualquer tipo de evidência física verificável.

Em um segundo exemplo, podemos citar o caso de um tratamento de saúde que não tem demonstração de eficácia. Um determinado "terapeuta" que ofereça esse tratamento pode afirmar, quando confrontado: "Ok, não existe comprovação científica que esse tratamento seja eficaz, mas também não tem comprovação científica que não seja eficaz. Portanto, vamos usar e implementar este tratamento".

Podemos notar que estamos novamente diante da inversão do ônus da prova. Pedir a prova de que algo não existe ou não funciona é um grave erro na forma de argumentar e pode se tornar uma fonte perigosa de disseminação de informações falsas.

Formular um palpite sobre o funcionamento de um medicamento ou intervenção qualquer pessoa pode formular. Eu posso afirmar, por exemplo, que ouvir a música "Evidências" do Chitãozinho & Xororó em Fá sustenido menor é capaz de tratar unha encravada do dedão esquerdo do pé. Frente a essa afirmação, qual conduta a seguir seria a mais lógica?

Conduta 1: Uma vez que estou afirmando isso, eu devo me preocupar em apresentar as provas concretas de que "Evidências" em Fá sustenido menor é capaz de tratar unha encravada e, caso haja provas robustas e suficientes disso, podemos cogitar incorporar esse método à prática clínica.

Conduta 2: Aceitamos essa afirmação como sendo verdade e todos começam a ouvir "Evidências" para tratar unha encravada, dizendo que esse método funciona. Os músicos passam a vender esse serviço para podólogos e pacientes desesperados. E, para quem perguntar onde está a prova dessa eficácia, eu rebato com: "Mas ninguém provou que isso não funciona."

Espero que, tendo lido este livro até aqui, você tenha optado pela conduta número 1. É absurdo pedir a prova do "não funcionamento" ou da "não existência" porque para pedir a prova do "não", eu preciso partir da premissa do "sim". Onde o "não" é a exceção, o "sim" é a regra. E um mundo onde o "sim" é a regra, é um mundo fantasioso onde tudo funciona e tudo que você imaginar existe: de vampiros e unicórnios a medicamentos quânticos eficazes. Ou, nas palavras de Bertrand Russell:

> *"De minha parte, poderia sugerir que entre a Terra e Marte há um bule de chá de porcelana girando em torno do Sol em uma órbita elíptica, e ninguém seria capaz de refutar minha asserção, tendo em vista que teria o cuidado de acrescentar que o bule de chá é pequeno demais para ser observado mesmo pelos nossos telescópios mais poderosos."*

Sabe o ditado "todos são inocentes até que se prove o contrário"? Pois bem, todo medicamento é ineficaz até que se prove ao contrário. Extraterrestres não visitam a Terra e constroem monumentos antigos, até que se prove o contrário. Não há um bule de chá de porcelana girando em torno do Sol, até que se prove o contrário. Assim como temos que presumir que pessoas sejam inocentes até que seja julgada uma sentença condenatória, também devemos presumir que um medicamento não possui efeito milagroso ou que extraterrestres não aparecem subitamente na nossa janela, até que as evidências adequadas comecem a demonstrar o contrário.

Resumindo esse último exemplo: não é possível exigir a prova de "não eficácia" de medicamentos e tratamentos porque, para isso, teríamos que assumir que tudo é eficaz até que se prove o contrário (ou que "todos são culpados até que se prove o contrário"). E sabemos historicamente que a maioria das hipóteses não se confirma, ou seja, que o "sim" é uma exceção.

Assim como na música "Evidências", quem inverte o ônus da prova está, na verdade, *negando as aparências, disfarçando as evidências,... Chega de mentiras!* Em palavras mais simples e diretas, como afirmou o jornalista Cristopher Hitchens: "O que pode ser afirmado sem provas também pode ser rejeitado sem provas".

Apenas para complementar este tópico, uma variação interessante de apelo à ignorância é o "argumento da incredulidade pessoal". Nessa falácia, a incapacidade de entender ou imaginar algo leva a pessoa a acreditar que aquilo é falso. Por exemplo: "É impossível imaginar que os povos antigos tenham construído as pirâmides do Egito, portanto, isso não aconteceu, foram os extraterrestres". O indivíduo recorre à própria ignorância como a evidência de que algo não existe ou não funciona.

É uma presunção muito grande achar que apenas a nossa tecnologia atual e a nossa forma contemporânea de agir é que seriam capazes de construir um grande monumento, subestimando a inteligência e a capacidade de trabalhar em grupo de nossos ancestrais. Não podemos limitar a realidade apenas para que ela possa caber em nossa ignorância. Ao contrário, temos que ampliar nossa visão para entendermos a verdadeira extensão da realidade.

A FALSA DICOTOMIA

"A cada escolha, uma renúncia", é o que diz o ditado. Mas essa frase popular só é verdadeira se partirmos do pressuposto que há sempre apenas duas opções: A ou B. Dessa forma, sempre que se escolhe A, a opção B é automaticamente descartada, e vice-versa. Mas o fato é que quase nada na vida é dicotômico. Sendo assim, eu diria que cada escolha representa algumas (ou muitas) renúncias. Ao escolher A, renunciamos a B, C, D e o restante do alfabeto.

A falácia da falsa dicotomia ocorre quando são apresentadas apenas duas opções opostas como as únicas possíveis, de modo que rejeitar uma significa automaticamente aceitar a outra. Ou seja, um número limitado de opções é oferecido no debate, quando na verdade existe um número maior de possibilidades. É ainda frequentemente caracterizada pelo uso ilegítimo da conjunção "ou". Por exemplo:

"Sérgio faltou na reunião hoje. Ou ele perdeu hora, ou não anotou na agenda e esqueceu." Note que nessa situação, embora essas possam ser possíveis justificativas para a falta de Sérgio na reunião, houve a limitação de haver apenas duas explicações possíveis: se Sérgio não perdeu hora, então ele não anotou na agenda o compromisso. Se Sérgio anotou na agenda o compromisso, então perdeu hora.

Mas Sérgio pode ter batido o carro no caminho, tido um infarto, ter ficado preso em casa porque sua esposa trancou a porta e levou a chave com ela etc. São inúmeras possibilidades. Restringir a apenas duas delas é uma forma de manipular o debate ou mesmo de tentar negar argumentos científicos.

Vamos supor que, durante o surgimento de uma pandemia, alguns médicos começassem a querer utilizar um determinado remédio nos pacientes, porém sem a demonstração de eficácia adequada (qualquer semelhança com o mundo real não é mera coincidência). Ao serem questionados sobre a validade da conduta adotada, eles podem responder: "Vamos dar esse remédio aos pacientes ou vamos deixá-los morrer?". O uso da falsa dicotomia na frase acima é desonesto e visa forçar e convencer as pessoas a usarem o medicamento. É um dilema no qual ninguém em sã consciência vai escolher a opção "morte". Por isso, a frase utilizada no argumento acaba forçando o interlocutor a optar pelo uso do medicamento, ainda que sem evidência científica de eficácia. Trata-se de "uma ameaça de morte" sutil associada à falsa dicotomia. Por isso, podemos dizer que, ao colocar a morte de pacientes como uma das duas opções (ou qualquer outro tipo de ameaça), está presente também, além da falsa dicotomia, a falácia de "apelo ao medo" (argumento *ad metum*).

A CAUSA FALSA

Em seu livro *O andar do bêbado*, Leonard Mlodinow faz a seguinte afirmação:

> *"A capacidade de avaliar conexões significativas entre fenômenos diferentes no ambiente que nos cerca pode ser importante a ponto que valha a pena enxergarmos umas*

> *poucas miragens. Se um homem das cavernas faminto vê uma mancha esverdeada em uma pedra distante, sai mais caro não lhe dar importância quando se trata de um lagarto saboroso do que correr e atacar umas poucas folhas caídas. E assim, diz a teoria, talvez tenhamos evoluído para evitar o primeiro erro ao custo de, às vezes, cometer o segundo."*

O segundo erro ao qual Mlodinow se refere é o de confundir folhas caídas com um lagarto que pode se tornar uma refeição. Ou seja, o possível erro de encontrar uma conexão significativa entre uma "mancha verde" na pedra e um alimento. Apesar de nossa capacidade de reconhecer padrões ser vital para a nossa sobrevivência, muitas vezes interpretamos erroneamente as correlações como causa e efeito. Em outras palavras, identificamos correlações, mas que nem sempre implicam uma causa verdadeira.

"É como se existisse a teoria de que, se alimentássemos as crianças apenas com queijo, elas ficariam mais altas. Então damos queijo a todas as crianças, as medimos depois de um ano e dizemos: pronto, todas estão mais altas. É a prova de que queijo funciona", afirmou certa vez a jornalista Timandra Harkness. Nessa situação, é óbvio que uma criança estará mais alta no ano seguinte, independentemente do consumo de queijo. Embora esse seja um exemplo caricatural, esse tipo de inferência causal para situações correlatas é muito comum e provoca muita confusão aos mais desavisados. A correlação entre os dois eventos pode ser pura coincidência ou ainda resultado de algum outro fator. Justamente por isso, argumentos que se apoiam apenas em correlações para concluir causalidade são falaciosos.

A falácia da causa falsa se apresenta de duas formas:

1. *Post hoc ergo propter hoc* (depois disso, logo, por causa disso): Um evento anterior é considerado a causa do que vem depois. Por exemplo: uma criança cai e machuca o joelho. Ela está chorando muito e sua mãe dá um beijo no joelho machucado e diz que é para "sarar". Depois de um tempo o machucado para de doer e a criança conclui que o beijo da mamãe curou seu machucado.
2. *Cum hoc ergo propter hoc* (com isso, logo, por causa disso): Aqui os eventos acontecem ao mesmo tempo e um deles é escolhido

arbitrariamente como causador do outro. Por exemplo: por volta de julho, nos Estados Unidos há simultaneamente um aumento das vendas de sorvete e também um aumento do número de pessoas que sofrem ataques de tubarões. Já ao redor de dezembro, há uma queda nessas duas atividades. Será que podemos afirmar então que tomar sorvete faz com que você seja atacado por tubarões? Ou então que ser atacado por um tubarão aumenta a sua vontade de tomar sorvete? Não parece existir uma relação causal entre essas duas variáveis, embora exista uma correlação (ambas aumentam em julho e diminuem em dezembro nos Estados Unidos). Neste exemplo, a hipótese mais provável é a de que em julho, no hemisfério norte, é verão e a temperatura é mais alta. Sendo assim, para se refrescar, as pessoas tendem a consumir mais sorvete (aumentando suas vendas) e a entrar mais no mar (aumentando o risco de sofrer ataques de tubarão).

A ideia de que correlação não implica causalidade é um conceito que foi explorado por muitos filósofos e cientistas ao longo da história. David Hume, que estudamos no capítulo "Um pouco de História e Filosofia da Ciência", apontou a dificuldade em se estabelecer uma relação de causa e consequência a partir de um pensamento indutivo simples, como a pura observação de eventos correlatos. De acordo com Hume, a definição de causalidade seria:

"Um objeto precedente e próximo a outro, e de tal forma unido a ele que a ideia de um determina na mente a formação da ideia do outro, e a impressão de um determina a formação mais nítida do outro."

Esta é uma definição filosófica que foi sendo, aos poucos, lapidada pela evolução do método científico de modo que hoje existem formas metodológicas e estatísticas que aumentam nosso "poder" para estabelecer causalidade e para reconhecer causas falsas. Como afirma o médico epidemiologista Peter H. Gann:

"Toda associação estatística (ou seja, toda correlação) tem apenas três explicações: Viés, acaso e causa."

Isso significa que podemos nos deparar com causas verdadeiras, mas frequentemente estamos diante de uma coincidência, fruto do acaso ou de uma visão enviesada sobre o assunto.

Aliás, você sabia que bebês nascem quando são entregues por cegonhas? E podemos "provar" isso matematicamente! Para finalizar este tópico de discussão, vamos explorar o exemplo didático e bem-humorado que o cientista Robert Matthews aborda no artigo "Stork Deliver Babies" (Cegonhas entregam crianças).

No final dos anos 1800, na Europa, observou-se um fenômeno curioso: a taxa de nascimento de humanos cresceu em ritmo proporcional ao número local de cegonhas. Isso acabou se tornando um folclore bastante popular para evitar conversas constrangedoras com os filhos sobre educação sexual.

A cegonha branca (*Ciconia ciconia*) é muito comum em diversas partes da Europa. É possível estimar a quantidade delas por região. E também é possível acompanhar a taxa de natalidade humana nesses locais. O que Robert Matthews fez foi fazer um levantamento da quantidade de cegonhas e a taxa de natalidade de 17 países europeus. Ele colocou esses dados em um gráfico, com a taxa de natalidade no eixo y e a população de cegonhas no eixo x. Eis o gráfico que ele obteve:

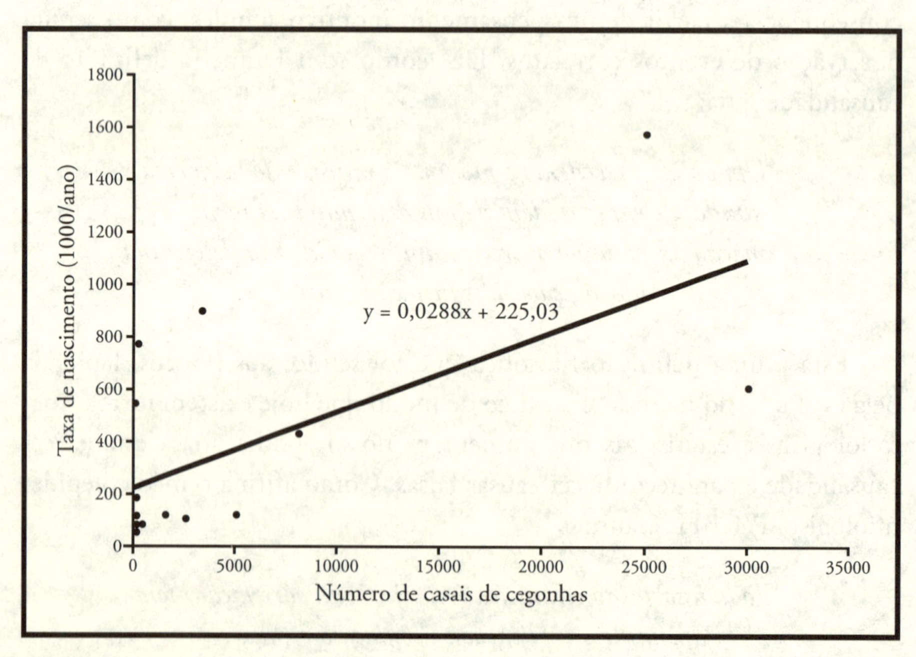

No gráfico, podemos ver que Matthews encontrou uma correlação positiva significativa de 62% entre a quantidade de cegonhas e a taxa de nascimento de bebês, o que significa que, de modo geral, lugares com mais cegonhas estão associados com uma maior taxa de nascimento de crianças. Logo, podemos afirmar que... São as cegonhas que entregam crianças?

Você já deve imaginar que não podemos. Não apenas porque já sabemos qual é a verdadeira origem do nascimento de bebês, mas também porque aprendemos aqui que uma simples correlação observacional não é sinônimo de causalidade. A observação pura e simples abre brechas para fatores que confundem nossa análise. Nesse exemplo, talvez a explicação mais plausível seja a de que lugares com mais cegonhas sejam áreas com mais natureza, ou seja, áreas rurais onde também é mais comum um número maior de filhos por casal.

É para isso que existe o método científico: para filtrar as ilusões do mundo real. Lembra dos "óculos científicos" que comentamos no primeiro capítulo? Eles são fundamentais. Mesmo dentro da Ciência e da estatística precisamos ter um olhar crítico sobre os dados apresentados, para não incorrermos na falácia da causa falsa.

APELO AO NATURAL

O "apelo ao natural" ou "apelo à natureza" é uma estratégia argumentativa que visa convencer o ouvinte ou leitor de que algo é bom ou benéfico simplesmente por ser natural e, por outro lado, sugere que o que não é natural é prejudicial ou inferior.

A estrutura básica do argumento de apelo ao natural é a seguinte:

- Se algo é natural, então é bom.
- X é natural.
- Portanto, X é bom.

O problema já começa na definição do que é "natural". É claro que uma alimentação mais saudável, menos processada, e a prática de atividades físicas contribuem para a maior qualidade de vida. O problema está na inferência que fazemos sobre algo apenas por ser considerado natural. E isso impacta inclusive a área de tratamentos e medicamentos.

"É um fitoterápico, é natural, então não faz mal." "É só um chá." "Isso vem da natureza, é uma dádiva, não pode ser ruim." Frequentemente ouvimos tais afirmações que, apesar de bem-intencionadas, não levam em consideração que a natureza também pode produzir substâncias perigosas e prejudiciais.

Além disso, se pararmos para pensar, em qual árvore que brotam, naturalmente, frascos contendo cápsulas com extratos de ervas? Quantos pés de xarope de Maracugina você já plantou? Qual animal, na natureza, você já viu esquentar um bule de água e fazer uma infusão das suas plantas favoritas extraindo fitoelementos?

Indo mais longe: quantos aparelhos para fazer supino você encontra naturalmente em uma floresta? Quando você faz uma trilha isolada você encontra quantos psicólogos com treinamento em análise do comportamento brotando na relva verde? Tudo isso é fruto de intervenção humana.

Veneno de cobra é uma substância "natural". Arsênico é encontrado naturalmente. O ópio é a resina natural extraída da papoula. Há inúmeras plantas e cogumelos naturalmente tóxicos. Marca-passo cardíaco é algo totalmente construído pelo ser humano. Vacinas não existiriam sem as nossas mãos. E salvam vidas. Tudo isso a que estamos nos referindo faz parte do nosso mundo natural. São coisas concretas possíveis de serem fabricadas, consumidas, testadas etc.

Por isso a necessidade de sermos racionais em relação ao argumento utilizado, e não aceitar passivamente a ideia falaciosa de que algo "natural" ou "artificial" é capaz de definir o potencial benefício ou risco de uma intervenção.

OUTRAS FALÁCIAS LÓGICAS

Seria pretencioso da minha parte querer esgotar um tema tão rico e vasto quanto este em apenas um capítulo de livro. Conforme afirmei no início, este não é um livro sobre lógica, embora a lógica seja parte integrante e indissociável do pensamento científico. Porém, não poderíamos encerrar este capítulo antes de conhecermos rapidamente mais algumas das falácias utilizadas durante uma argumentação (ir)racional:

Escocês de verdade: Essa falácia lógica de nome esquisito é usada quando alguém faz uma afirmação generalizada sobre algo e é confrontado com evidências contrárias. Em vez de rever o seu posicionamento e refletir sobre as novas informações, a pessoa se esquiva e mantém sua crença ao redefinir os critérios que levaram ela chegar àquela conclusão.

O nome da falácia vem justamente disso: um homem escocês estava lendo um jornal quando se deparou com a notícia de que um inglês teria cometido um crime. Então ele diz, de modo arrogante: "Um escocês jamais faria isso". Porém, no dia seguinte ele lê no mesmo jornal que um escocês cometeu um crime ainda pior. Em vez de rever a sua afirmação falsa sobre os escoceses, ele reage dizendo: "Um escocês **de verdade** jamais faria isso".

Mas, afinal de contas, quais são os critérios que separam "um escocês" de um "escocês de verdade"? São critérios subjetivos, criados após a contestação da afirmação. Essa tática de mover as metas e critérios é uma forma comum de resistência à mudança de crenças, mesmo diante de evidências contrárias.

Falácia do espantalho: Um espantalho é um boneco que tem a função de espantar e afugentar aves em uma plantação. O uso da falácia do espantalho em um argumento visa distorcer algo que foi falado de modo a transformá-lo em uma caricatura.

Por exemplo: Um médico explica ao seu paciente que ele está com uma gripe, que o quadro é estável e que a conduta mais adequada é utilizar um analgésico/antitérmico, se tiver dor ou febre, e repousar. A esposa do paciente, que esperava um atendimento diferente disso, pode distorcer o que o médico disse, afirmando: "Então o senhor está dizendo que meu marido deve voltar pra casa, tomar dipirona e ficar abandonado à própria sorte?". Nesse exemplo, a esposa do paciente está caricaturizando a sugestão do médico de uma maneira que soa negligente ou insensível, facilitando o ataque ao argumento. Distorcer um argumento para atacá-lo é frequentemente mais fácil do que apresentar evidências para refutá-lo.

Falácia do equívoco (ambiguidade): A falácia do equívoco se aproveita da ambiguidade da linguagem e o fenômeno da polissemia para distorcer argumentos e ideias (aspectos da linguagem que influenciam nossa percepção sobre a Ciência serão abordados no capítulo "A linguagem como obstáculo à compreensão do que é científico" com mais profundidade). Sabemos que uma mesma palavra pode ter significados diferentes se usada em contextos distintos. A palavra "fé", por exemplo, pode ser usada como sinônimo de confiança em algo mundano, ou no sentido de fé religiosa ou espiritual.

Outro exemplo: Na frase "Os homens são seres racionais", estamos nos referindo aos homens que são humanos do sexo masculino ou homens como sinônimo de humanidade? No primeiro caso, estaríamos excluindo as mulheres como seres racionais. No segundo, ambos os gêneros estariam incluídos na afirmação.

Ao assistir um noticiário é comum ouvir esse tipo de comentário: "Quem comete um crime desses não é um homem, é um monstro". Mas quem cometeu o crime foi, sim, um homem. E homens – não monstros – são capazes de cometer crimes. Ao afirmar isso, além de nos aproveitarmos da ambiguidade da palavra "monstro", estamos também cometendo a falácia do escocês de verdade: "Um homem de verdade jamais cometeria um crime desses".

Generalização precipitada: A generalização precipitada acontece quando uma conclusão é formulada a partir de uma amostra muito pequena ou pouco representativa. Ela está diretamente relacionada com o método indutivo praticado de maneira irracional e questionado por David Hume.

Por exemplo: Afirmar que um determinado candidato a presidente tem mais chances de vencer quando foram entrevistadas apenas 15 pessoas de um mesmo bairro e de uma mesma cidade. Será que a opinião de 15 pessoas que vivem num mesmo local é suficientemente representativa a ponto de refletir com precisão as intenções de votos do Brasil inteiro?

Outro exemplo é o caso de uma manchete que afirme: "Usar o suplemento Y previne o câncer". Mas a reportagem foi feita, na verdade, com base em um estudo que avaliou a eficácia do suplemento Y para prevenir um tipo específico de tumor em camundongos. Ou seja, houve uma generalização precipitada, uma vez que o suplemento não foi testado em humanos e a matéria também não citou para qual tipo de tumor a substância foi testada.

Declive escorregadio: Também conhecida como "ladeira escorregadia" ou "bola de neve", essa falácia faz parecer que se permitirmos que aconteça A, isso automaticamente fará com que aconteça B, que vai levar a uma consequência C, e assim por diante. Por isso não podemos permitir que A ocorra. Seria de fato como escorregar uma ladeira ou ver uma bola de neve aumentar de tamanho enquanto rola em uma encosta.

Por exemplo: "Você não pode usar um smartphone. Se fizer isso, vai ser rastreado pelo Google. E então vão saber seu endereço e vão sequestrar a sua família." Veja que a sequência de eventos vai escalonando e cada vez mais se distanciando da afirmação inicial. Mas, somado à falácia do "apelo ao medo", pode acabar soando convincente para algumas pessoas. A falácia do declive escorregadio desafia diretamente o princípio da Navalha de Occam, que estudamos anteriormente neste capítulo. No caso do declive escorregadio, somos levados a acreditar em uma série complexa e muitas vezes improvável de eventos com base em um único ponto de partida. É uma forma de argumento que depende do acúmulo de suposições não comprovadas, que a Navalha de Occam nos aconselharia a reduzir.

Ad hominem: Uma das falácias mais comuns, especialmente em debates políticos ou discussões na internet. Essa falácia consiste em atacar o caráter ou traços pessoais de um oponente em vez de se concentrar em refutar o argumento dele. Ocorre quando as pessoas (ou suas características) se tornam o foco do debate, em vez das ideias e dos argumentos que estão sendo apresentados. O objetivo de um ataque *ad hominem* é prejudicar a pessoa antes de precisar se engajar no argumento dela ou elaborar melhor seu próprio argumento.

Por exemplo, em um debate político, um candidato A questiona o motivo dos hospitais prometidos não terem sido construídos durante a gestão do candidato B. O candidato B rebate afirmando: "E você, que assaltou os cofres públicos na sua gestão?". Note que a pergunta não foi respondida. O foco passou a ser o passado do candidato A, como forma de se esquivar da resposta da pergunta.

Posso também citar aqui um exemplo pessoal. Eu sou farmacêutico e trabalho com Farmacologia (a ciência que estuda os princípios ativos dos medicamentos) e práticas baseadas em evidências (que preza por práticas em saúde que tenham base científica). Vez ou outra questiono alguma conduta médica, apresentando as evidências e argumentos para isso, e ouço como resposta: "Você por acaso é médico?". Essa é uma forma de se esquivar da resposta aos meus argumentos, atacando a minha formação profissional.

A armadilha do viés de confirmação

"A compreensão humana, após ter adotado uma opinião, coleciona quaisquer instâncias que a confirmem e, ainda que as instâncias contrárias possam ser mais influentes ou confiáveis, ela não as percebe, ou então as rejeita, de modo que sua opinião permaneça inabalada."

Francis Bacon

Até aqui discutimos questões importantes sobre a Ciência. Falamos sobre como o raciocínio científico é necessário para reduzir o automatismo do senso comum, discutimos as potencialidades e limitações dos métodos dedutivo e indutivo, bem como a evolução do pensamento científico ao longo da história. Além disso, no capítulo passado, nos deparamos com os erros e as distorções que ocorrem durante a nossa argumentação, de modo a reforçar uma determinada opinião ou tentar vencer uma discussão.

Agora vamos entender um dos fenômenos que mais contribui para nos afastarmos do pensamento científico: o viés de confirmação. Trata-se de uma tendência natural que nós temos de buscar, lembrar ou interpretar informações de forma que confirme nossas crenças ou nossos palpites iniciais sobre algo. Por exemplo, se acreditarmos que uma determinada raça de cachorro é mais agressiva, tendemos a prestar mais atenção e lembrar mais facilmente de eventos em que essa raça demonstrou comportamento agressivo, ignorando ou desvalorizando eventos em que ela se comportou de forma dócil ou amigável. A complexidade desse viés reside no fato de que, mesmo conhecendo sua existência, não estamos imunes a ele. Em outras palavras, mesmo os mais conscientes e bem-informados podem cair nessa armadilha cognitiva.

Podemos dizer, de modo superficial, que o viés de confirmação é fruto de um raciocínio indutivo malfeito, principalmente em relação a assuntos permeados por uma carga emocional mais intensa ou relacionado a crenças pessoais muito fortes. Além disso, em situações nas quais há a possibilidade de mais de uma interpretação, tendemos a interpretar as evidências de modo a sustentar nosso posicionamento.

Sobre isso, Francis Bacon (filósofo indutivista que estudamos no capítulo "Um pouco de História e Filosofia da Ciência") já afirmava em 1620:

> *"A compreensão humana não é um exame desinteressado, mas recebe infusões de vontade e dos afetos; disso se originam 'ciências' que podem ser chamadas de 'ciências conforme a nossa vontade'. Pois um homem acredita mais facilmente naquilo que gostaria que fosse verdade. Assim, ele rejeita coisas difíceis pela impaciência de pesquisar; coisas sensatas, porque diminuem a esperança; as coisas mais profundas da natureza, por superstição; a luz da experiência, por arrogância e orgulho; coisas que são comumente aceitas, por deferência à opinião do vulgo. Em suma, inúmeras são as maneiras, e às vezes imperceptíveis, pelas quais os afetos colorem e contaminam o entendimento."*

Nesse trecho, podemos perceber que nossas emoções podem contaminar o entendimento racional de uma determinada situação. Além disso, Bacon deixa claro que uma pessoa tende a acreditar naquilo que deseja que seja verdade, rejeitando tudo aquilo que contradiz a sua crença. Isso acaba nos distanciando da Ciência e gerando uma ilusão, chamada pelo filósofo de "ciência conforme a nossa vontade". Em outras palavras: acreditamos somente naquilo que queremos acreditar.

Dito isso, quando você se depara com uma dúvida ou uma curiosidade, você busca informações científicas de maneira crítica para orientar suas tomadas de decisão ou, na verdade, você já tomou sua decisão e agora busca apenas a "ciência" que confirma sua crença, para apenas fantasiar que está se baseando em evidências?

Note que existe uma enorme diferença entre essas duas posturas. Na primeira, há uma postura mais cética e investigativa, que considera o ecossistema científico como uma bússola para orientar a tomada de decisão. Já na segunda postura, a decisão já foi tomada de antemão com base na crença pessoal, restando apenas a busca de informações que validem essa crença. Dessa forma, o viés de confirmação costuma levar ao excesso de confiança em crenças pessoais, mantendo ou reforçando opiniões, mesmo na presença de evidências contrárias. Ceder a isso sem racionalidade é jogar fora nossos "óculos científicos".

Quando queremos que algo seja verdade (ou mentira) de antemão, não é difícil manipular números e informações em busca de conexões que validem esse desejo. Contudo, essa é uma forma ilusória, infrutífera e sem credibilidade de tentar conhecer a realidade na qual estamos inseridos. Nesse contexto, o viés de confirmação se manifesta quando pesquisamos, interpretamos ou mesmo lembramos de informações. Isso ressalta a importância da ética e do rigor na coleta e interpretação de dados.

A pesquisa ou busca tendenciosa faz com que testemos hipóteses de maneira assimétrica, ou seja, em vez de pesquisarmos por toda a evidência disponível sobre um determinado assunto, considerando a qualidade de cada informação, passamos a pesquisar apenas as evidências que confirmam nossa hipótese inicial, ignorando as evidências contrárias. Na prática, isso nem chega a ser um teste de hipótese, mas sim uma busca deliberada pela confirmação de uma crença. Como, no mundo, existem evidências conflitantes, qualquer pesquisa direcionada apenas às evidências a favor de uma hipótese está propensa a ter algum sucesso, reforçando uma crença ou opinião.

Vamos supor que você acredite que um candidato à presidência seja a melhor opção de voto. Então você busca por mais informações sobre ele, mesmo já estando convencido de que é o candidato que você deseja votar. A primeira notícia que você encontra é a de que o candidato construiu dois hospitais de referência enquanto era governador, criou leis importantes e, além de tudo, gosta de ouvir rock nas horas vagas, assim como você. Que maravilha de notícia! Você sente que acertou na escolha: "Eu sabia que esse candidato era ótimo". Porém, uma das notícias diz que o político havia se envolvido em um escândalo de corrupção há 20 anos, quando foi vereador em uma cidade do interior. E agora? Essa notícia não confirma a sua crença: "Talvez essa notícia seja uma *fake news*", você pensa. E assim você mantém a sua posição inicial, ignorando aquilo que não confirmou o que você acreditava. Em vez de descartar a notícia sobre o escândalo de corrupção, seria mais apropriado ponderar a veracidade e o impacto dessa informação e compará-la com os feitos positivos do candidato antes de tomar uma decisão final.

Esse é o desafio que enfrentamos quando indivíduos proclamam: "Eu fiz minha própria pesquisa sobre esse assunto! Eu sei o que estou dizendo!". Qual foi o procedimento dessa pesquisa? Ela foi conduzida com um rigor científico ou foi guiada pelo viés de confirmação? Arrisco-me a dizer que a segunda opção é a mais provável. A questão agravante é que o simples ato de 'pesquisar' (sem qualquer rigor metodológico) confere à pessoa uma sensação de legitimidade e segurança em suas crenças, independentemente da veracidade dessas crenças.

Mas o viés de confirmação não está restrito à busca por evidências que confirmam uma crença ou preconceito. Muitas vezes, diante de uma mesma informação, duas pessoas podem ter interpretações diferentes e, até mesmo, opostas. Voltando ao exemplo da política: um candidato que afirme que consta no seu plano de governo a tentativa da legalização da maconha pode ao mesmo tempo reforçar a crença de que é um bom candidato, para as pessoas que são a favor da legalização, e a crença de que é um candidato ruim para quem é contra.

Em 2021, um exemplo marcante ocorreu quando a Organização Mundial de Saúde (OMS) recomendou a não administração da terceira dose da vacina contra covid-19 enquanto países menos desenvolvidos ainda lutavam para aplicar a primeira dose em suas populações. A mesma notícia gerou interpretações divergentes entre aqueles que apoiavam a vacinação e os que eram contrários. Os contrários à vacina compartilharam essa notícia afirmando que, se a vacina fosse de fato boa, a OMS não seria contra a terceira dose. Já os apoiadores da vacina (e, felizmente, a maioria da população) compartilharam a mesma notícia, preocupados com o avanço da pandemia nos países em desenvolvimento com baixa cobertura vacinal, em contraste com países mais desenvolvidos que já estavam caminhando para a terceira dose do imunizante.

São inúmeras as consequências negativas que derivam do viés de confirmação. Por exemplo, quando pessoas com visões opostas interpretam novas informações de uma maneira tendenciosa, ambas reforçam suas próprias crenças e se distanciam ainda mais do pensamento científico. Isso contribui com o aumento da polarização de opiniões e pode ajudar a explicar os posicionamentos cada vez mais polarizados que encontramos na sociedade atual, catalisados pela internet e o acesso às redes sociais e aplicativos de mensagem.

Além disso, é importante considerar o papel que as plataformas digitais e algoritmos desempenham no reforço do viés de confirmação. Essas tecnologias frequentemente nos expõem a conteúdo que já está alinhado com nossas crenças preexistentes, criando "bolhas de filtro" que limitam nossa exposição a perspectivas contrárias. Essa automação da confirmação do que já acreditamos torna ainda mais complexo o desafio de alcançar uma compreensão mais objetiva sobre um determinado tópico.

Uma derivação desse fenômeno é o chamado *Backfire effect* (em português, a tradução seria algo como: "efeito do tiro pela culatra"). Nesse caso, diante de uma evidência que contraria nossas crenças, buscamos diversas explicações enviesadas para rejeitá-la, reforçando ainda mais nossas crenças anteriores. Sobre pessoas que não conseguem abrir mão das suas próprias crenças, Carl Sagan afirmou o seguinte:

> *"Não é possível convencer um crente de coisa alguma, pois suas crenças não se baseiam em evidências; baseiam-se numa profunda necessidade de acreditar."*

O viés de confirmação tem um alto custo psicológico. Ele pode criar uma sensação ilusória de segurança e autoafirmação, fazendo com que nos sintamos mais confiantes em nossas crenças do que talvez deveríamos. Essa autoafirmação pode nos isolar em câmaras de eco, onde apenas vozes concordantes são ouvidas, diminuindo nossa resiliência psicológica ao enfrentar desafios ou críticas. Isso se relaciona diretamente com o que discutimos no capítulo "Racionalidade científica: saindo do piloto automático", sobre o *slogan* da série *Arquivo X*: "Eu quero acreditar". Essa capacidade de perseverança das crenças por meio do viés de confirmação, mesmo frente a evidências que a desmentem, nos mostra o tamanho do impacto negativo que uma notícia falsa pode causar, caso confirme uma determinada opinião perigosa.

Um dos exemplos mais tristes relacionados a isso aconteceu em 1998, quando o ex-médico britânico Andrew Wakefield publicou um artigo no periódico *The Lancet* sugerindo uma associação entre a vacina tríplice viral e autismo. Isso serviu para confirmar a crença das pessoas que tinham medo de vacinar seus filhos, além de desencorajar muitas outras que antes apoiavam a vacinação. Porém, o estudo havia sido fraudado visando a esse resultado, em virtude de interesses financeiros. Estudos posteriores e de muito mais qualidade mostraram que não havia essa associação. Em 2010, a *The Lancet* inclusive removeu o artigo do seu acervo, mas o estrago já estava feito: acredita-se que o sarampo tenha ressurgido no Reino Unido devido ao receio dos pais de aplicarem a vacina tríplice viral em seus filhos.

Até o presente momento, algumas pessoas persistem na crença de que as vacinas podem causar autismo e uma variedade de outras condições, mesmo diante de evidências robustas que contradizem o artigo fraudulento. Wakefield teve sua licença médica revogada no Reino Unido, mas isso não o impediu de continuar a propagar desinformação a respeito de vacinas até os dias atuais.

Mesmo as decisões políticas mais significativas de um país podem ser seriamente comprometidas pelo viés de confirmação e pela persistência de crenças infundadas. A política que direcionou os Estados Unidos para a Guerra do Vietnã e manteve seu exército ali por cerca de 16 anos (apesar de incontáveis evidências que mostravam que essa era uma "causa perdida") persistiu apenas por causa de noções fixas e erroneamente preconcebidas sobre a suposta superioridade norte-americana. Nem mesmo repetidas experiências de fracasso foram capazes de abalar a crença na "excelência" dessa política. A consequência disso foi a menor capacidade de adaptação e reação frente às novas evidências, levando ao fracasso.

A interpretação crítica de uma informação ou argumento não se limita a sermos críticos apenas com aquilo que foi escrito ou falado, mas diz respeito principalmente a ser crítico com o que pensamos ou inferimos a partir dessa informação. Duvidar daquilo que alguém falou ou escreveu é relativamente fácil. Difícil é duvidar de si mesmo.

OUTROS VIESES QUE AFETAM NOSSO JULGAMENTO

O viés de confirmação é, talvez, o viés mais influente e predominante que colabora para as distorções em nossa percepção da realidade. Mas ele não é o único. Abaixo, a título de curiosidade, cito alguns outros vieses cognitivos que se inter-relacionam com o viés de confirmação e que podem dificultar a análise crítica de informações e a tomada de decisões objetivas:

- Viés da disponibilidade: tendemos a usar as informações mais disponíveis e acessíveis em nossas tomadas de decisão. Isso acaba deixando de lado informações com as quais não entramos em contato e também aquelas que temos dificuldade de nos lembrar. Ainda que pessoas busquem evidências e consigam interpretá-las de maneira mais neutra, elas ainda podem recordar informações de maneira mais seletiva e tendenciosa. Ou seja, o viés de confirmação também pode atuar no momento de evocar memórias, influenciando até mesmo no grau de precisão das nossas lembranças.

- Viés da ancoragem: podemos ter o nosso julgamento sobre algo afetado por uma informação inicial prévia, que pode influenciar diretamente nossa decisão final. Por exemplo: suponha que uma vacina tenha sido lançada no Brasil para um vírus que está causando uma grave epidemia. Ela é uma boa vacina, com cerca de 85% de eficácia. Se as pessoas se vacinarem, a epidemia será controlada. Então ficaremos felizes se o governo anunciar produção dessa vacina para a população.
  Porém, suponha que, antes dessa vacina brasileira, outra vacina, norte-americana, já tivesse sido lançada, só que com 95% de eficácia. Ao nos depararmos primeiramente com esse valor de 95%, automaticamente iremos achar que uma vacina brasileira com 85% de eficácia seja ruim. Se o governo anunciar a produção dessa vacina para a população, não ficaremos tão felizes assim. A mesma vacina, que seria suficiente para controlar a epidemia no Brasil, passa a ser vista como uma vacina ruim. Isso ocorre porque ficamos ancorados na primeira informação de eficácia de 95%.
- Viés da ilusão de controle: temos uma tendência a superestimar nosso controle sobre situações, eventos ou pessoas, quando na verdade o acaso possui uma participação muito maior do que imaginamos em nossas vidas. Entender isso é ao mesmo tempo uma forma de sermos mais humildes em relação às nossas vitórias e sermos mais empáticos com nossas próprias "derrotas".
- Viés do otimismo (ou pessimismo) irrealista: Em situações incertas ou até mesmo ambíguas, em especial sobre possíveis acontecimentos futuros, podemos ter a tendência de ter uma visão positiva (ou negativa) demais, desproporcional à realidade.

Portanto, esses são alguns dos principais fatores que dificultam a realização de uma discussão racional. Os vieses e as falácias, juntamente com a falta de entendimento probabilístico, criam obstáculos significativos para a racionalidade científica. No próximo capítulo, vamos explorar mais profundamente essa última questão, focando na importância de um entendimento probabilístico do mundo.

A certeza não existe

"Só sei que nada sei. E o fato de saber isso me coloca em vantagem sobre aqueles que acham que sabem alguma coisa."

Sócrates

"Com certeza você vai passar nesse concurso!", "Eu tenho certeza de que esse medicamento vai funcionar!", "Com certeza vai dar tudo certo!". O que essas três frases têm em comum?

Em todas elas usamos a palavra "certeza" para tentar garantir "na marra" um desfecho positivo no futuro. Mas eu ou você não temos bola de cristal nem poderes premonitórios (falaremos sobre premonição e outras práticas pseudocientíficas no capítulo "Ciência ou pseudociência?"). A grande verdade é que não temos certeza de nada. E isso é algo muito difícil de aceitar e admitir, não é mesmo? Nas palavras de Bertrand Russel: "O que os homens querem de fato não é o conhecimento. É a certeza".

Estamos, nesses casos, formulando uma resposta automática à terrível incerteza que permeia todas as nossas ações. É angustiante demais não saber o que vai acontecer. Então nunca teremos certeza absoluta? Nunca. Só afirma "Eu tenho certeza de que..." quem está incerto e desconfortável pela incerteza. Ninguém fala: "Eu tenho certeza de que está de dia" enquanto olha para o Sol. Aquilo que é certo se impõe com a realidade de maneira óbvia. Então fingimos ter uma certeza, ainda que ilusória, como uma forma quase ingênua de esconder o fato de que estamos, na verdade, apavorados por aquilo que não sabemos. É como se fosse um ato de defesa e rebeldia frente à realidade incerta que a vida nos apresenta.

Como disse Benjamin Franklin, "só temos duas certezas na vida: a morte e os impostos". A verdade é que pode ser que realmente dê tudo certo (e aí nosso viés de confirmação vai nos dizer: "está vendo, eu disse que tinha certeza de que ia dar certo"). Ou pode ser que dê errado e, frente a essa questão contraditória, vamos usar algum atenuante como: "Não era pra ser mesmo" ou "há males que vêm pra bem". É uma característica intrinsecamente humana nos apoiarmos em crenças infalíveis.

Porém, isso pode se tornar perigoso à medida que passamos a ignorar as probabilidades envolvidas nesse jogo. Se eu afirmo com certeza que algo é verdadeiro (ao menos da boca para fora), a avaliação de riscos e benefícios para uma decisão mais racional se torna desnecessária. Se eu "tenho certeza" de que um determinado tratamento funciona, então não vou questionar sua eficácia ou se seu benefício supera o seu custo ou seu risco. Vou, inclusive, encontrar atenuantes caso haja uma falha ou não seja um tratamento realmente eficaz, de modo a torná-lo infalível: "É que você demorou muito pra iniciar o tratamento, o uso tem que ser precoce", "É que não funciona nesse estágio da doença", "É que a dose estava errada" etc.

Nesse exemplo, podemos perceber a perigosa combinação entre o uso da falácia lógica do escocês de verdade (mudando as regras do jogo a cada nova informação) e do viés de confirmação de modo a conferir o *status* de certeza a uma crença. Contudo, por se tratar de uma certeza ilusória, aumentamos consideravelmente a probabilidade de cometermos erros baseados nessa confiança. Portanto, seria mais honesto e seguro assumirmos o quão incertos estamos sobre algo. Paradoxalmente, ao trocarmos a certeza pela incerteza, temos condição de tomar decisões melhores e mais seguras. Isso nos lembra a sábia observação do ex-diretor da biblioteca do Congresso norte-americano, Daniel Boorstin (muitas vezes atribuída a Stephen Hawking): "O maior inimigo do conhecimento não é a ignorância. É a ilusão do conhecimento."

A ILUSÃO DO CONHECIMENTO E O "EFEITO DUNNING-KRUGER"

Em parte, essa confiança ilusória que temos em determinadas "certezas" pode derivar do fato de que tendemos a superestimar nossas habilidades. Ter um pouco de conhecimento sobre algo pode nos fazer achar que sabemos mais do que os próprios especialistas de uma área, aumentando nossa confiança de maneira desproporcional à realidade. Basta ir a uma mesa de bar para confirmar isso: ali todo mundo é especialista em tudo, de futebol à política.

Não é raro, nas redes sociais ou nas confraternizações de trabalho ou de família, encontrarmos um advogado que "sabe" como deveriam ser as medidas mais adequadas de combate a uma pandemia melhor do que epidemiologistas e infectologistas. Uma senhora aposentada que "sabe" como tratar diabetes com produtos naturais melhor do que um endocrinologista. Um médico que "sabia" exatamente quais eram os problemas estruturais de uma construção que desabou, com mais propriedade que um engenheiro. Esses exemplos derrubam o nosso pensamento ingênuo de que apenas pessoas que de fato estudam e entendem sobre um determinado assunto se sentem à vontade para manifestar uma opinião sobre ele.

Ao contrário, parece existir um padrão de que, quanto menos uma pessoa sabe, mais ela acredita saber. Em outras palavras, uma pessoa incompetente em uma área tende a ignorar sua própria incompetência. Parece estranho, mas na verdade faz sentido se você ler cuidadosamente: justamente por não conhecer bem um determinado assunto, o indivíduo não tem o conhecimento necessário para diferenciar competência de incompetência nessa área, razão pela qual acaba não conseguindo reconhecer a sua própria incompetência. Em 1999, esse fenômeno foi nomeado de "Efeito Dunning–Kruger", em homenagem aos pesquisadores David Dunning e Justin Kruger, que o identificaram. Nas palavras de Dunning:

> *"Se você é incompetente, você não consegue saber que é incompetente. As habilidades necessárias para fornecer uma resposta correta são exatamente as habilidades que você precisa ter para ser capaz de reconhecer o que é uma resposta correta. No raciocínio lógico, na educação dos filhos, na administração, na resolução de problemas, as habilidades que você usa para obter a resposta correta são exatamente as mesmas habilidades que você usa para avaliar a resposta."*

O Efeito Dunning-Kruger pode ser mais bem ilustrado pelo gráfico abaixo:

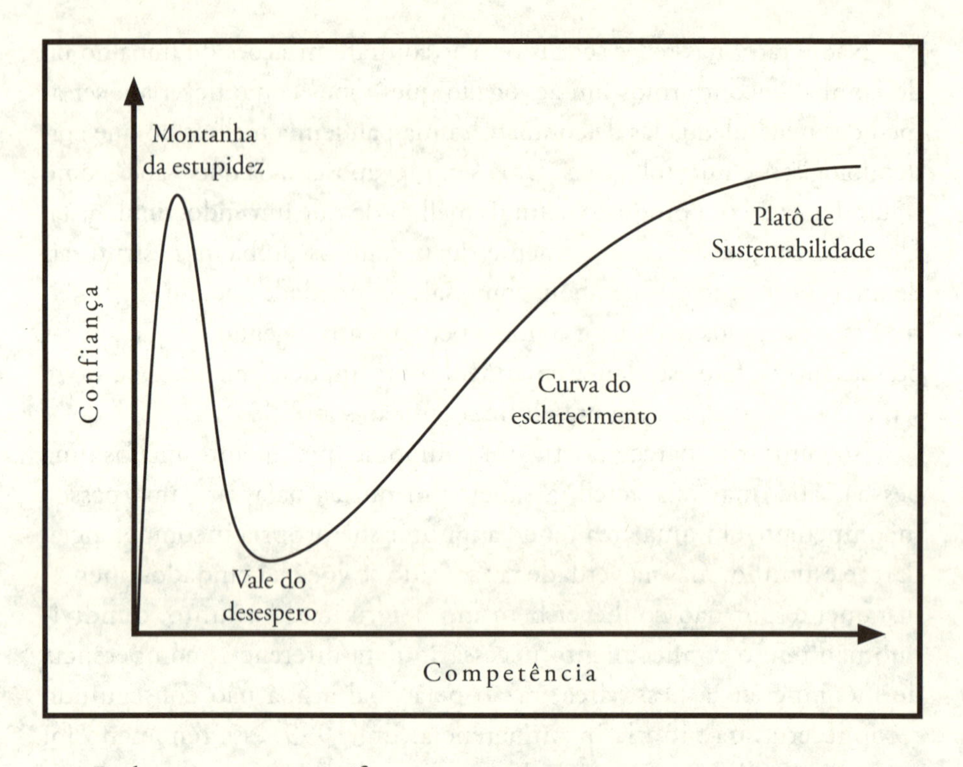

Podemos notar no gráfico que uma pessoa com pouca experiência em um determinado assunto (eixo x) pode ter uma confiança muito grande em suas habilidades (eixo y) e que é desproporcional ao seu nível de competência. Os exemplos que citamos anteriormente neste tópico se enquadram nesse primeiro pico do gráfico: "a montanha da estupidez".

O artigo intitulado "Comparative perceptions of driver ability – A confirmation and expansion" (em português: Percepções comparativas da habilidade do motorista – Uma confirmação e expansão), de autoria de Iain A. McCormick, mostrou que cerca de 80% dos motoristas atribuem a si mesmo a qualidade de "acima da média" ou "muito bom motorista". Porém, isso não corresponde à realidade quando olhamos as estatísticas de trânsito. Isso significa que boa parte deles é confiante demais por não ter conseguido sair da "montanha da estupidez".

Contudo, ao se deparar com o raciocínio científico e entender que certezas não existem, o indivíduo é jogado em uma situação oposta: o "vale do desespero". Trata-se do momento angustiante no qual percebemos que na verdade sabemos muito pouco e que a vida é repleta de incertezas. A frase de Sócrates que abre este capítulo ilustra bem esse ponto e deixa claro que é melhor saber que não sabemos, do que achar ilusoriamente que sabemos algo.

A princípio, isso nos deixa inseguros, diminuindo nossa confiança. Mas ao mesmo tempo nos motiva a buscar respostas e tentar, ao menos, reduzir incertezas. É assim que, pouco a pouco, temos a oportunidade de subir a "curva do esclarecimento" até atingirmos um platô sustentável no qual estamos mais conscientes sobre o que sabemos, o quanto sabemos, quais são os potenciais e quais são as limitações desse conhecimento.

Desde a descrição desse fenômeno por Dunning e Kruger, muitas outras pesquisas na área surgiram, inclusive questionando esse modelo proposto. Por exemplo, um estudo publicado na revista *Nature Human Behaviour* em 2023, intitulado "Intermediate levels of scientific knowledge are associated with overconfidence and negative attitudes towards Science" (em português: Níveis intermediários de conhecimento científico estão associados a excesso de confiança e atitudes negativas a respeito da Ciência), revelou que o excesso de confiança (equivalente à montanha da estupidez) estaria associado a um nível de conhecimento intermediário sobre o assunto (e não baixo, como originalmente proposto).

Ainda que atualmente não possamos criar um modelo universal que perfeitamente explique esse fenômeno, as evidências parecem apontar para um caminho comum: conhecer suficientemente uma área de conhecimento, adotando uma postura científica cética, nos ajuda a identificar nossas próprias lacunas de compreensão. Se conhecemos um pouco (mas não o suficiente) sobre um tema, temos mais chance de achar que conhecemos muito sobre aquilo. Afinal, não temos a dimensão da complexidade real daquele conhecimento, apenas tivemos acesso a uma versão reducionista e imprecisa dele que, para nós, representa o todo.

O MUNDO É PROBABILÍSTICO E NÃO FOI ISSO QUE TE ENSINARAM

Se a certeza não existe, isso significa que tomamos decisões baseadas em palpites. E palpites são incertos por natureza. Entender a realidade é um processo tão complexo que, mesmo que compreendêssemos todas as leis e fatos que regem a natureza, dificilmente conseguiríamos atingir a certeza suficiente para determinar os acontecimentos da vida com 100% de precisão. Por esse motivo, o determinismo não é a melhor forma de conhecer a realidade, embora seja desse modo que aprendemos a raciocinar ao longo da vida.

Para tentar prever eventos sem sermos proprietários de uma bola de cristal ou poderes místicos, precisamos entender que o mundo é probabilístico. Tomamos nossas decisões baseadas em incertezas. Uma situação, no mínimo, angustiante. Mas, uma vez entendendo isso, podemos trabalhar para reduzir – não eliminar – a incerteza, e o primeiro passo em direção a isso é fazer as pazes com ela. Estudá-la. Trocar a certeza ilusória (por mais confortável que ela seja) pela melhor probabilidade de acerto. Esse é o grande trunfo da Ciência: "palpitar" calculando a incerteza.

Tudo bem, já entendemos que a vida é probabilística e não determinística. Mas será que estamos preparados para pensar probabilisticamente? Veja que interessante esse exercício mental proposto por Leonard Mlodinow e adaptado por mim.

Imagine que o estado da Califórnia esteja fazendo uma oferta estranha aos seus cidadãos. As pessoas podem optar por pagar 1 ou 2 dólares para entrar em um concurso misterioso. No entanto, ao final, a maior parte dos participantes não receberá nada de volta, apenas perderão 1 ou 2 dólares. Uma pessoa receberá uma fortuna, tornando-se milionária. Já outra pessoa sofrerá uma morte violenta. Parece o enredo de *Jogos Vorazes* ou *Round 6*, não é?

Você pode ficar surpreso, mas esse "concurso" excêntrico existe e as pessoas adoram participar dele. Esse jogo se chama: loteria estadual. Obviamente não é assim que ele é descrito ou anunciado, mas, na prática, esse é o resultado. Uma pessoa de fato recebe o prêmio milionário ao final do sorteio. E milhões de outros participantes devem dirigir seus carros até uma lotérica para fazer sua "fezinha". Desses milhões de motoristas, alguns sofrem acidentes de trânsito no percurso. E desses acidentados, alguns acabam morrendo. A estimativa desse exercício proposto por Mlodinow chegou a ser algo próximo de uma morte por sorteio. A mesma probabilidade de ganhar o sorteio. Ou seja, ao entrar no jogo, a sua probabilidade de ganhar é a mesma de morrer, que por sua vez é infinitamente menor que a de simplesmente perder o dinheiro investido. Mas certamente não é dessa maneira que você ou eu pensamos ao fazer uma aposta na lotérica.

Em geral, costumamos superestimar os benefícios e subestimar os custos e riscos daquilo que temos interesse (olha lá o viés de confirmação virando a esquina!). Por exemplo: suponha que você ficou com vontade de comprar uma camiseta que viu na vitrine de uma loja. Ela não é muito barata e você tem uma quantidade suficiente de camisetas no seu armário. A princípio, a balança custo *versus* benefício não está compensando. Mas você está com vontade de gastar seu dinheiro nessa compra. Então você começa, sem perceber, a superestimar os benefícios: "Essa cor fica muito bem em mim", "Olha só, esse tecido é de algodão peruano, diferente das outras", "Essa estampa faz parte de uma coleção exclusiva". Ao mesmo tempo, começa a subestimar o custo: "Não é tão cara, na loja do lado o preço é até maior", "Outra camiseta que tenho no armário custou o dobro disso!".

Pronto, a mágica está feita. O mesmo produto, com o mesmo preço, passou a ter uma relação de custo/benefício vantajosa, ao menos na sua cabeça, justificando internamente sua compra. Tanto o exemplo da loteria quanto o exemplo da compra da camiseta têm algo em comum: somos péssimos em pensar probabilisticamente, sem usar alguma ferramenta externa. Sozinhos, podemos confundir esperança (de ganhar na loteria ou de que estamos diante de uma camiseta excepcional) com fatos (de que a probabilidade de ganhar é quase nula e de que era apenas uma camiseta comum e cara).

Por isso, além de entendermos que o mundo é probabilístico e não determinístico, precisamos de ferramentas que nos ajudem a medir e interpretar essas probabilidades adequadamente. Caso contrário, teremos apenas a ilusão de que estamos enxergando a realidade de maneira probabilística, quando na verdade estamos manipulando as informações no sentido do nosso viés de confirmação. Essas ferramentas fundamentais para o exercício pleno do raciocínio científico são o método científico e a estatística.

Toda vez que dados científicos são apresentados, eles são acompanhados de uma margem de erro que foi calculada – um lembrete incômodo, porém necessário, da falibilidade do nosso conhecimento. A Ciência não pode dar certezas, mas ao menos é capaz de medir a incerteza, para então lidar com ela. É assim que conseguimos ajustar o nosso grau de confiança em uma informação científica.

Para ilustrar a importância disso, tomemos como exemplo uma jovem enfermeira que revolucionou o sistema de saúde vitoriano: Florence Nightingale. Nascida na primavera de 1820, Florence fazia parte de uma privilegiada família britânica. Mas, ao contrário do que se esperava de uma dama inglesa naquela época, Florence resolveu se dedicar à Enfermagem. Chocando ainda mais a sociedade – e também seus pais –, foi trabalhar nos hospitais da Guerra da Crimeia.

Em 1854, administrando um hospital da Turquia, desconfiou que a sujeira, a falta de saneamento e a comida estragada seriam mais responsáveis pela morte dos soldados do que os próprios ferimentos de guerra. Parece loucura, mas na época ninguém pensava muito nesses aspectos básicos de saúde. Florence resolveu higienizar o hospital e passar a abastecê-lo com comida fresca e saudável. Obviamente enfrentou resistência, sobretudo pelo fato de ser mulher e de querer alterar um sistema que era aceito pela maioria havia muito tempo (lembra do apelo à tradição que vimos no capítulo "Lógica como aliada da Ciência"?).

Florence não se abalou e implementou as novas medidas mesmo assim. Em poucos meses, e somente adotando essas mudanças, a mortalidade dos soldados caiu de 43% para 2%. Ainda assim, muitos questionaram que poderia ser uma correlação sem causalidade. Alegaram, por exemplo, que nesse período o clima era mais ameno e, por isso, a taxa de sobrevivência dos pacientes seria naturalmente maior. Contudo, a enfermeira também havia estudado matemática e estatística, incentivada pelo seu pai. Dessa forma, passou a usar argumentos estatísticos para enfrentar seus opositores.

Como havia sido alegado que o sucesso da redução de mortalidade era devido à época do ano, e não às medidas de higiene que ela adotara, Florence decidiu comparar a mortalidade dos soldados no período do hospital limpo, com a mortalidade de soldados do mesmo período no ano anterior, quando ainda não se adotavam essas medidas de higiene. O resultado: 2% de mortalidade na sua gestão comparado a 42% da mortalidade no mesmo período do ano anterior.

Nessa mesma época, era comum acreditar que não era necessário treinar enfermeiras. Observações simples mostravam que os pacientes cuidados por enfermeiras tendiam a morrer mais do que aqueles cuidados por pessoas não treinadas. Com auxílio de dados e da estatística,

Florence mostrou que, na verdade, os casos mais graves eram encaminhados para enfermeiras. Naturalmente, esses pacientes já tinham uma maior probabilidade de evoluir a óbito, independentemente de quem estivesse cuidando deles. Ao sortear os casos que eram encaminhados para enfermeiras e para pessoas sem treinamento, os cuidados da enfermagem se mostravam superiores. Uma maneira inteligente que Florence encontrou para lidar com o problema da indução levantado por David Hume no capítulo "Um pouco de História e Filosofia da Ciência" (o "problema de indução" aqui é a suposição, com base na simples observação, de que o cuidado das enfermeiras estava causando mais mortes, em vez de outras possíveis causas).

Além disso, Florence demonstrou estatisticamente que até mesmo fora da guerra soldados tinham o dobro de mortalidade do que os civis. Isso se dava devido às condições insalubres dos alojamentos militares da época. Por ano, cerca de 1.100 soldados morriam apenas por causa disso, sem qualquer relação com ferimentos de guerra.

Moral dessa história: não é fácil convencer quem está no poder e aqueles que se apegam à tradição dogmática que aprenderam com sua própria experiência profissional. O marketing comercial e político contamina ainda mais esse cenário desafiador. A forma que Florence encontrou de desafiar as certezas ilusórias de sua época foi adotar o pensamento probabilístico, utilizando o método científico e a estatística como ferramentas para lidar com as incertezas e se aproximar da realidade, modificando-a profundamente de uma forma que nenhum de seus antecessores foi capaz de fazer. Se Florence conseguiu isso nos anos 1850, temos o dever de ser ainda mais racionais no século XXI. De fato, o escritor H. G. Wells previu que "o pensamento estatístico um dia será tão necessário para a cidadania eficiente quanto a capacidade de ler e escrever". Essa cidadania eficiente não se refere apenas ao voto ou à política, mas a todas as esferas da vida, desde decisões pessoais até a participação ativa na comunidade e a defesa de melhores práticas em todos os aspectos da sociedade.

POSSIBILIDADE, PLAUSIBILIDADE OU PROBABILIDADE?

Três palavrinhas que começam com a letra "p" podem provocar uma grande confusão, se mal interpretadas. Acredito que você que está lendo este livro já tenha conseguido identificar que possibilidade, plausibilidade e probabilidade não são sinônimas, embora sejam usadas em contextos relacionados.

Algumas coisas podem ser possíveis, mas não plausíveis. Outras podem ser possíveis e plausíveis, mas improváveis de acontecer por algum motivo. Entender isso ajuda a não nos enganarmos quando nos deparamos com informações que soam convincentes, mas que estão na verdade usando a linguagem para nos confundir (ao melhor estilo da falácia do equívoco que conhecemos no capítulo "Lógica como aliada da Ciência").

Quase tudo é possível. Mesmo coisas que nunca fizemos na vida podem ser teoricamente possíveis. Por exemplo: é teoricamente possível levar pessoas para colonizar Marte. Isso não significa que mês que vem (ou algum dia na história da humanidade) veremos isso de fato acontecer. Por outro lado, é impossível desenhar a figura plana de um triângulo com quatro vértices. Seria necessário recorrer ao eixo z para fazer ao menos um tetraedro. Mas fora contradições absurdas desse tipo, quase nada é, em teoria, impossível. E justamente por isso, "possibilidade" é uma palavra muito pouco precisa: possui apenas um caráter qualitativo e dicotômico – ou uma coisa é possível ou então é impossível.

Por exemplo: é possível que eu me torne o presidente dos Estados Unidos um dia. Assim como é possível que um determinado senador norte-americano se torne presidente dos Estados Unidos um dia. Isso é possível para nós dois. Mas a sequência de eventos que teriam que acontecer na minha vida para que isso se concretizasse, em comparação com os acontecimentos na vida de um senador norte-americano, faz com que essa possibilidade seja muito menos provável para mim do que para ele.

Ainda assim, quando usei a palavra "possível" nesses dois contextos, ela não foi capaz de fazer essa discriminação ou especificação. Eu precisei recorrer à probabilidade para entender a realidade com um pouco mais de precisão. Isso se repete em muitas situações: seria possível para mim comprar uma Ferrari, mas é improvável que eu consiga pagar o financiamento dela. É mais provável, portanto, que eu compre um carro popular.

Por outro lado, o conceito de plausibilidade tem mais a ver com aquela sensação de que algo "faz sentido". E as coisas fazem ou não sentido para nós, com base em nosso conhecimento prévio (individual e coletivo) de como o mundo funciona. Quanto mais uma hipótese faz sentido para nós, em consonância com aquilo que conhecemos sobre o funcionamento do mundo, mais plausível ela é.

Existe obviamente um caráter subjetivo desse conceito, ao ancorar a plausibilidade de algo nas nossas próprias experiências pessoais. Porém, esse conceito não deve ser restrito à nossa experiência pessoal. A plausibilidade também se baseia em conhecimento científico acumulado e testado. Portanto, não é meramente subjetiva, mas uma combinação da nossa experiência pessoal e do conhecimento geral da humanidade. Isso nos dá uma visão mais objetiva e abrangente da plausibilidade. O conceito da Navalha de Occam, que já discutimos, está diretamente relacionado com essa visão mais objetiva da plausibilidade: a explicação mais "simples" costuma ser também a mais plausível. Além disso, o grau de compatibilidade da hipótese levantada com o que sabemos sobre o mundo natural é ponto crucial para a plausibilidade.

Voltando ao exemplo do carro: seria possível para mim comprar uma Ferrari, mas é improvável que eu consiga pagar o financiamento dela. É mais provável que eu compre um carro popular. Essa hipótese é plausível, uma vez que sou um professor universitário no Brasil.

A hipótese de que eu compre um carro popular, ao invés de uma Ferrari, é plausível porque o meu conhecimento sobre minha conta bancária somado ao conhecimento humano acumulado sobre a situação financeira de um professor universitário no Brasil é compatível com ela. E é menos compatível com a hipótese de compra de um carro milionário. Faz sentido, portanto, que um professor universitário compre um carro popular, ao invés de uma Ferrari.

Já a probabilidade carrega consigo uma medida mais quantitativa. Probabilidade se refere a uma proporção. Tanto probabilidade quanto possibilidade se referem a qualquer coisa que pode acontecer, mas que não temos certeza se acontecerá. Mas, na probabilidade, temos uma estimativa do quanto algo pode ou não acontecer.

Por exemplo, se você jogar uma moeda para cima, há duas possibilidades: ela pode cair do lado "cara" ou do lado "coroa". Já a probabilidade vai nos dar uma estimativa matemática de cada uma dessas possibilidades acontecerem: 50% de probabilidade de cair "cara" e 50% de probabilidade de cair "coroa". Sabemos disso porque, quando uma moeda cai sobre uma superfície, apenas 1 lado ficará exposto, dentre duas possibilidades de lados. Isso equivale à proporção ½, que é matematicamente igual a 0,5. Como queremos saber o valor em porcentagem, multiplicamos por cem. 0,5 x 100 = 50%.

Nesse exemplo, calculamos objetivamente a probabilidade de o resultado do lançamento da moeda dar cara ou coroa. Esse é um tipo de probabilidade chamada de "frequentista", pois estamos medindo com que frequência os resultados da moeda aparecem. Ou seja, estamos calculando a frequência com que um resultado específico ocorre, dada uma quantidade suficientemente grande de tentativas. É importante notar nesse exemplo que a cada nova jogada, existe uma nova probabilidade de 50%. Ou seja, cada jogada da moeda é independente. Saber disso é importante para não sermos seduzidos pela chamada "falácia do jogador".

Suponha que você e um amigo resolvem apostar dinheiro jogando uma moeda. A cada novo lançamento, você pode escolher se vai apostar em "cara" ou "coroa". No primeiro lançamento você aposta em "cara" e o resultado é "cara". Você ganhou. No segundo lançamento, você aposta novamente em "cara" e o resultado é "cara" de novo. Você ganhou mais uma vez. No terceiro lançamento você pensa: "já saiu 'cara' duas vezes. Então melhor eu apostar em 'coroa' dessa vez". Essa é a falácia do jogador: você acha que deve dar "coroa" pelo fato que os lançamentos anteriores já deram "cara" muitas vezes. É como se a moeda estivesse em dívida sobre o fato de mostrar "coroa". Mas a probabilidade continua sendo 50%. Os outros lançamentos não vão impactar na nova jogada. É uma falsa sensação de controle sobre algo que é movido pela aleatoriedade. Não há, portanto, como nortear sua aposta com base nisso e, por esse motivo, se trata de uma falácia.

O que sabemos é que, à medida que fizermos muitos lançamentos de moedas, existe uma tendência aproximada que metade seja cara e metade seja coroa. Esse equilíbrio tende a aumentar, conforme aumentamos o número de lançamentos. Em sequências muito curtas, existe uma grande chance de esse equilíbrio não ser atingido. Por exemplo, se você jogar uma moeda para o alto 10 vezes, pode ser que você encontre 7 "caras" e 3 "coroas", e não obrigatoriamente 5 "caras" e 5 "coroas".

A estatística "frequentista" é muito usada na Ciência e, em geral, revela características intrínsecas a um objeto de estudo. É uma característica intrínseca de uma moeda ter 50% de probabilidade de cair "cara" ou de cair "coroa" quando lançada. Da mesma forma, quando vamos calcular a eficácia de uma vacina, por exemplo, estamos usando medidas de frequência para observar a capacidade intrínseca de uma vacina proteger pessoas (abordaremos sobre como sabemos se uma vacina ou medicamento é eficaz no próximo capítulo).

Contudo, não podemos reduzir a complexidade de uma vacina a meros lançamentos de moedas. Isso porque a probabilidade do efeito protetor da vacina irá interagir com um organismo que tem a sua própria probabilidade de ficar doente ou não. Ou seja, estamos falando aqui de um tipo de probabilidade condicional. O risco de a pessoa contrair uma determinada doença está condicionado à eficácia da vacina. Em outras palavras, após se vacinar, sua probabilidade de ficar doente é reduzida. Vamos discutir um pouco mais sobre a probabilidade condicional no tópico a seguir.

O QUE JÁ SABEMOS SOBRE O MUNDO INFLUENCIA NOSSO RACIOCÍNIO

A probabilidade condicional, de maneira bem simplificada, é a probabilidade de o evento A acontecer, dada uma condição B: "Qual é a probabilidade de uma pessoa ser internada com uma determinada doença infecciosa (condição A), caso tenha sido vacinada contra ela (condição B)?", "Qual é a probabilidade de uma pessoa estar com câncer de próstata, caso seu exame de PSA esteja acima do valor de referência?", "Qual é a probabilidade de uma pessoa infartar, se o seu colesterol está alto?".

Um dos pioneiros dos estudos nessa área foi um pastor presbiteriano do século XVIII, Thomas Bayes. Por isso, em alguns contextos, quando falamos sobre esse tipo de probabilidade, nos referimos a ela como "bayesiana", diferenciando-a do tipo de probabilidade dos lançamentos consecutivos da moeda, a qual chamamos de "frequentista" anteriormente.

Se ficou um pouco complicado de entender, vou adaptar o próprio exemplo que o reverendo Bayes utilizou. Suponha que você se sente em uma cadeira, de costas para uma mesa de sinuca. Na sua mão, você segura um caderno com uma tabela, que representa essa mesa. Então você chama um amigo e pede para ele jogar a bola 8 (a bola preta) na mesa, de uma maneira aleatória. A bola vai parar em algum ponto na mesa, mas você não sabe onde, pois está de costas.

É possível você adivinhar onde a bola está, sem olhar? Supondo que você não possua poderes mágicos ou não seja um vidente, o máximo que você pode fazer é "chutar", com uma probabilidade irrisória de acertar.

Então seu amigo pega uma segunda bola. A bola branca. Ele joga essa bola na mesa e te dá uma informação: ele te diz se a bola branca parou à direita ou à esquerda da bola preta. Você anota essa informação. E pede para ele fazer novas jogadas e continuar te informando a posição da bola branca em relação à bola preta.

Observe como o processo se desenrola: se o seu amigo disser que a bola branca parou à esquerda da bola preta, você pode inferir que a bola preta provavelmente está do lado direito da mesa. Com cada nova informação, você atualiza sua suposição e reduz sua incerteza. Isso é conhecido como atualização bayesiana, que é o processo de refinamento de uma estimativa ou previsão. Se no próximo lançamento a bola branca parar à direita da bola preta, você já pode chegar à conclusão de que a bola preta não pode estar "grudada" na borda direita. Se estivesse, a bola branca não conseguiria ficar à sua direita.

Cada novo arremesso da bola branca gera informações que te ajudam a "posicionar" a bola preta em um ponto mais preciso nas anotações experimentais do seu caderno. Se todos os arremessos da bola branca caírem à direita, fica cada vez mais provável que a bola preta esteja na margem extrema à esquerda. Note que você nunca poderá afirmar com certeza absoluta onde a bola preta está, mas você aumenta a confiança no seu palpite a cada vez que novas informações são incorporadas e se tornam a base para uma nova análise.

Dito de outra forma, o que sabemos *a priori* sobre o mundo influencia nosso raciocínio e pode ser útil para interpretar novos achados. Imagine a seguinte situação: um teste de gravidez de farmácia exibe na sua caixa a informação de que possui 99% de precisão. Uma pessoa compra esse teste e o executa em casa. O resultado dá positivo. Qual é a probabilidade de ela estar grávida?

Zero! Não é o resultado que você esperava né? E sabe como eu sei disso? Porque eu não te contei que a pessoa do meu exemplo que comprou e fez o teste era uma pessoa do sexo masculino. Ou seja, é impossível que ele esteja grávido, simplesmente pelo fato de que ele é desprovido biologicamente de um sistema reprodutor feminino. Voltando ao conceito inicial de probabilidade condicional: qual é a probabilidade de uma pessoa estar grávida se essa pessoa for do sexo masculino? Zero.

"Mas o teste tinha 99% de precisão!" Pois é, você está diante de um resultado falso-positivo. Embora este seja um exemplo caricatural, ele ilustra muito bem o porquê é importante conhecer informações *a priori* do paciente, antes de interpretar o resultado de um exame. Se confiássemos apenas no exame, sem olhar para nosso paciente, iríamos diagnosticar um homem grávido. Voltamos, portanto, ao título desse tópico: o que já sabemos sobre o mundo influencia nosso raciocínio sobre novas informações.

De maneira até filosófica, o "Teorema de Bayes" e o exemplo da mesa de sinuca se relacionam com o realismo científico de Mario Bunge, que estudamos no capítulo "Um pouco de História e Filosofia da Ciência", abordagem na qual as teorias científicas são descrições aproximadas da realidade e que ajudam a construir teorias futuras mais precisas para descrever o mundo com maior veracidade do que ele era descrito anteriormente. Nesse contexto figurativo, a bola preta representa para nós a realidade que tentamos aferir com auxílio do método científico, enquanto a bola branca representa as informações que conseguimos obter por meio dos experimentos científicos. Não conseguiremos ter certeza absoluta da posição da bola preta (realidade), mas a cada novo arremesso da bola branca (método científico), reduzimos nossas incertezas sobre o mundo.

Antes de encerrarmos esse tópico, é importante frisar uma coisa: a probabilidade condicional é uma probabilidade assimétrica. Novamente vou adaptar um exemplo usado por Leonard Mlodinow, ao citar o filme *Dança Comigo?*. Caso você não tenha visto esse longa-metragem, vou resumir para facilitar:

No filme, estrelado por Richard Gere e Jennifer Lopez, um advogado casado e que gosta do seu emprego parece estar sentindo falta de um "algo a mais" na sua rotina. Certo dia, voltando de trem para casa, ele observa uma mulher dançando através de uma janela de uma escola de dança. Na volta do trabalho, o trem passa sempre em frente a essa escola e ele parece cada dia mais encantado pela enigmática figura da moça.

Um dia, impulsivamente, ele desce do trem para tentar encontrá-la. E acaba então se apaixonando. Não pela mulher, mas pela dança. Com vergonha do seu novo hobby, ele esconde isso da família e dos colegas do trabalho, inventando desculpas para o porquê de chegar cada vez mais tarde em casa. A esposa, desconfiada, acaba descobrindo que o marido está mentindo.

A conclusão dela é que seu marido está tendo um caso. Aqui podemos ver que tendemos a usar a probabilidade condicional para chegar a conclusões em nosso cotidiano. Mas como se trata de uma probabilidade assimétrica, podemos acabar errando.

A probabilidade de uma pessoa mentir, dado que ela está tendo um caso (P(Mentir|Caso)), não é necessariamente a mesma que a probabilidade de uma pessoa ter um caso, dado que ela está mentindo (P(Caso|Mentir)). Isso ilustra um conceito fundamental na probabilidade condicional: a probabilidade de A ocorrer, dado que B ocorreu, pode ser muito diferente da probabilidade de B ocorrer, dado que A ocorreu. Ou seja, se uma pessoa estiver tendo um caso, é altamente provável que minta por conta disso. Mas uma pessoa que esteja mentindo sobre por que chega tarde em casa, pode estar mentindo por vários motivos e não necessariamente porque está tendo um caso. No filme, o personagem estava mentindo porque estava com vergonha e medo de ser julgado pelo seu novo hobby. Esse é o tipo de cuidado que precisamos ter ao utilizar esse tipo de probabilidade, de modo a evitar cair em armadilhas e chegarmos a conclusões equivocadas.

DADOS X INFORMAÇÕES: É POSSÍVEL MENTIR COM ESTATÍSTICA

Infelizmente pessoas confiam mais em pessoas do que em dados adequadamente interpretados. Basta um caloroso depoimento, ainda que inverídico, para que toda a frieza de uma estatística confiável seja ignorada.

Pode reparar. Quando você quer comprar um determinado produto, você decide olhar todas as características técnicas dos diversos modelos e marcas disponíveis, os testes de performance que já foram feitos, o seu custo etc. Finalmente você decide por aquele que tem o melhor custo *versus* benefício, de acordo com sua esmiuçada análise. Você opta por comprar o "produto X". De posse da sua decisão, caminhando confiante a caminho da loja, você cruza com um senhor esbravejando: "Esse produto X é uma porcaria, odiei, gastei dinheiro à toa!"

Então você para, reflete sobre o que acabou de ser dito, dá meia-volta e desiste da compra. Dias de análises de informações técnicas, de testes etc. foram facilmente descartados por causa de um único depoimento. É esse o nível de dificuldade que enfrentamos, quando queremos tomar decisões baseadas em evidências científicas. Na ciência, valorizamos bastante os dados bem coletados e analisados para embasar nossos processos decisórios.

Mas tem um problema nisso tudo: "Dado" é diferente de "Informação". Dados só se traduzem em informações em um contexto. É o processamento dos dados que gera uma informação. Ou seja, informações não existem sem dados que as embasem, mas a existência de dados não gera automaticamente informações. Muito menos informações honestas que servirão de base para conhecimentos utilizados em tomadas de decisões. Nesse sentido, citar ou ler dados sem criticidade ou sem contexto não serve para muita coisa. Ou melhor, pode servir para sermos enganados. Descontextualizar dados pode ser uma manobra para tentar embasar um argumento enganoso.

"É possível contar um monte de mentiras dizendo só a verdade" – é o que diz o ditado. Há pessoas que mentem com dados. Há pessoas sem a competência satisfatória que interpretam e divulgam dados de maneira inadequada. Outras se aproveitam para embasar suas picaretagens com dados. Ou seja, dados não possuem significado intrínseco e nem orientam, por si, tomadas de decisão. Não são capazes, sozinhos, de estimar acontecimentos ou desfechos futuros.

Não podemos simplesmente sair "levantando dados" e interpretando-os no contexto mais conveniente para endossar nossas próprias crenças. Isso seria retornar ao problema do viés de confirmação, levantado no capítulo passado. Podemos voltar aqui ao exemplo do movimento antivacina. Uma das formas de as pessoas que são contra vacinação tentarem negar o uso da vacina é afirmar que vacinas fazem mal. Muitos efeitos já foram alegados por essa turma: infertilidade, abortos, autismo, Alzheimer, infarto etc. Isso acontece com ainda mais intensidade quando uma nova vacina é lançada, em especial se o seu uso for necessário e recomendado em um grande plano de vacinação nacional ou mundial, como na pandemia pela covid-19.

Uma das estratégias que os *antivax* (pessoas que são contra vacinas) utilizam para fazer afirmações falsas sobre vacinas, mas de maneira convincente, é por meio da descontextualização de dados de sistemas de notificações de eventos adversos, como o VAERS e o VigiMed. Em português, a sigla VAERS (Vaccine Adverse Event Reporting System) significa Sistema de Notificação de Eventos Adversos a Vacinas. Trata-se de um programa de notificação de possíveis reações negativas a vacinas, gerenciado por dois órgãos federais de saúde dos Estados Unidos (CDC e FDA).

Diversos países têm sistemas semelhantes. Nós temos, na Anvisa, o VigiMed. Esses sistemas de notificação são ferramentas importantes para acompanhar possíveis consequências negativas do uso de um medicamento ou vacina após sua aprovação e comercialização. É uma forma de "ficar de olho" nas vacinas, quando começam a ser usadas em grande escala.

Profissionais e instituições de saúde, bem como pacientes, são encorajados a notificar qualquer reação suspeita que aconteça e que possa ter alguma ligação com a vacina. Por exemplo: se eu me vacinar hoje e daqui alguns dias eu morrer, essa morte será notificada no sistema. Da mesma forma, se eu passar mal, se eu tiver algum problema de saúde próximo à utilização da vacina, posso notificar isso no sistema. Esses dados brutos serão posteriormente avaliados, interpretados e investigados para saber se existe de fato uma ligação entre o efeito reportado e a vacina, ou se foi só uma coincidência. É um trabalho investigativo fundamental que visa garantir a segurança da população.

Já conversamos, no capítulo "Lógica como aliada da Ciência", sobre o fato de que uma correlação não significa necessariamente causalidade. Passar mal após tomar vacina não significa passar mal por causa da vacina. Morrer após tomar vacina não significa morrer por causa da vacina. Quando há alegações não fundamentadas de que uma vacina pode causar aborto, devemos lembrar que a taxa de aborto espontâneo no primeiro trimestre de gestação varia naturalmente entre 10% a 20%. Se uma dessas pessoas tiver acabado de tomar uma vacina, pode-se cogitar que o aborto que sofreu tenha sido por causa do imunizante e isso será notificado e entrará no banco de dados. Contudo, seria necessário que a porcentagem de abortos em mulheres vacinadas fosse maior do que a que ocorre naturalmente entre as grávidas em geral, no mesmo local e no mesmo espaço de tempo, para começar a suspeitar das vacinas. Então, os dados desse sistema servem apenas como ponto de partida para investigação, não como prova de que houve algum efeito causado por vacinas.

Ignorando esses fatos, os grupos antivax têm, historicamente, usado os dados do VAERS como a "prova cabal" de que vacinas provocam muitos efeitos graves ou mortes. Parece que ignoram ou esqueceram de ler o aviso que o próprio CDC oferece antes de conceder acesso a essas informações: "As notificações do VAERS, sozinhas, não podem ser utilizadas para determinar se uma vacina causa ou contribui para um efeito adverso ou doença. Essas notificações podem conter informações que são incompletas, imprecisas, coincidentes ou inverificáveis" (minha tradução do original em inglês).

Para ilustrar de maneira caricatural esse aviso, o anestesiologista James Laidler fez propositalmente, em 2004, uma notificação no VAERS afirmando que a vacina que ele tomou o havia transformado no Incrível Hulk. A notificação foi aceita e entrou no sistema até o CDC ligar para o médico pedindo permissão para remover a curiosa "queixa". Obviamente a permissão foi concedida, mas, caso não fosse, a "reação" estaria no banco de dados até hoje.

Esta é uma clássica ilustração da falácia do franco-atirador (ou falácia do atirador do Texas), onde é fácil parecer um "atirador" preciso quando se disparam tiros a esmo e depois desenha-se o alvo onde a maioria dos tiros se concentrou.

Assim, processamento e análise adequados de dados bem coletados, sob uma hipótese plausível, é o que compõe informações com um grau de precisão adequado sobre nosso passado, presente e (provável) futuro. Portanto, para entendermos melhor a nossa realidade, é essencial coletarmos e analisarmos dados seguindo um método rigoroso: o método científico, que exploraremos em profundidade no próximo capítulo.

Como a Ciência sabe o que ela sabe?

"Você pode argumentar o quanto quiser. Mas se a natureza (mundo físico) não concordar com você, você está errado. Você pode continuar acreditando no que quiser enquanto verdade pessoal, mas a sua crença não faz com que isso se torne uma verdade objetiva. A natureza é o juiz, júri e executor final."

Neil deGrasse Tyson

A autora francesa Anaïs Nin tem uma frase que é frequentemente compartilhada nas redes sociais, em geral em contextos que visam mostrar a importância de se atentar para a subjetividade de cada indivíduo. Eis a citação:

"Não vemos as coisas como elas são,
vemos as coisas como somos."

O mais interessante é que essa frase tem tudo a ver com o pensamento científico e com o quanto somos, por natureza, enviesados. Nós de fato "vemos as coisas como somos". Quais são meus anseios, medos, expectativas ao ler uma notícia, um artigo ou ao formular uma hipótese? Se eu gosto daquilo que estou lendo ou ouvindo, se atende às minhas necessidades, se confirma minhas crenças, fico feliz e compartilho isso com outras pessoas. Por outro lado, se confronta minhas "verdades subjetivas", se mostra algo que não quero ver, faço vistas grossas, rejeito ou tento imediatamente rebater.

Nós vemos as coisas como somos e discutimos exatamente isso no capítulo "A armadilha do viés de confirmação". Além disso, no capítulo anterior, vimos que é possível até mesmo utilizar dados reais descontextualizados para validar ainda mais uma determinada opinião, mesmo que inadequada ou falaciosa, sobre qualquer assunto.

Usei propositalmente aqui a palavra "opinião", pois infelizmente existe um pensamento geral de que opiniões são imunes a críticas, o senso comum de que opiniões devem ser respeitadas em quaisquer contextos e que possuem sempre o mesmo peso, independentemente do seu embasamento.

O fato é que opinião pessoal a gente dá sobre questões subjetivas, como gostos individuais. "Eu gosto mais de azul do que de verde". Não há como atribuir um peso maior a uma preferência por uma cor de roupa, por exemplo. Quem gosta de azul não está mais certo ou mais errado do que quem gosta de verde. Mas não dá para afirmar "Eu acho que a gravidade não existe, respeite minha opinião". Nesse caso, é você quem precisa respeitar a existência da gravidade, porque ela vai agir quer você acredite nela ou não.

Os resultados são totalmente diferentes: se dividirmos as pessoas em dois grupos, um que prefere verde e outro que prefere azul, a consequência disso é que metade usará roupas verdes e metade usará azul. Porém se tivermos um grupo que acredita na gravidade e um que não acredita nela, este último grupo pode pular da janela achando que é capaz de flutuar, mas estará sujeito às mesmas regras da natureza que o grupo que acredita na lei da gravitação universal. Em outras palavras, todos vão cair. A realidade se impõe. Ou, como disse Neil na abertura deste capítulo: "A natureza é o juiz, júri e executor final".

Ainda assim, é comum imaginarmos que a nossa experiência pessoal é tão valiosa a ponto de podermos generalizá-la para outras pessoas. Porém, nenhum de nós, enquanto indivíduo único, é capaz de constituir uma amostra representativa de uma população. Sendo assim, fatalmente iremos incorrer na falácia da generalização precipitada que vimos no capítulo "Lógica como aliada da Ciência".

"Eu sou a prova viva de que..." – essa é em geral uma expressão que representa esse peso que damos às nossas experiências subjetivas. É claro que nossas vivências são muito importantes e várias discussões interessantes podem surgir a partir do compartilhamento subjetivo dessas experiências. Mas o fato de uma pessoa passar por uma determinada situação não prova absolutamente nada.

Se queremos adotar um pensamento mais científico, um dos primeiros passos é parar de supor que nossas experiências pessoais se tornam automaticamente regras generalizáveis para o restante da população. Para fazer isso com mais precisão e menos vieses, temos o método científico. Caso contrário, o máximo que você pode falar é: "Eu tive uma experiência assim, nessa situação. Gostaria de entender melhor por que isso aconteceu, mas não quer dizer que vá acontecer com todo mundo". Por esse motivo não podemos refutar informações científicas objetivas apenas com opiniões subjetivas. Ciência é refutada apenas por uma Ciência melhor.

Obviamente, ainda somos livres para formular e expressar nossas próprias opiniões. E é certo que profissionalmente, e até cientificamente, iremos emiti-las. Mas aquilo que pensamos sobre Ciência, sobre saúde, sobre a sociedade etc. vai muito além de uma simples escolha de cor de roupa. Se as opiniões exercem alguma influência sobre tomadas de decisão nossas e de outras pessoas, então temos que estar cientes da responsabilidade de embasá-las adequadamente. Caso contrário, podemos prejudicar ou até mesmo colocar em risco outras pessoas.

Mesmo cientistas têm suas próprias opiniões. Afinal de contas cientistas são pessoas, não são a Ciência em si. Eles também "vêm de fábrica" com todas as limitações, tendenciosidades e vulnerabilidades inerentes à nossa espécie. E sempre existirão cientistas cujas opiniões divergem sobre um determinado assunto. Por isso é necessário valorizar as conclusões que são resultado de estudos bem conduzidos e que são compatíveis com o ecossistema científico no qual estão inseridas.

Além disso, quando um determinado assunto possui impactos políticos e econômicos, temos que ficar ainda mais alertas para o exercício do ceticismo científico (discutiremos mais sobre ceticismo no capítulo "Ceticismo é diferente de negacionismo"). Por esse motivo, decisões devem ser embasadas em evidências de qualidade e não em depoimentos contundentes do cientista X ou Y. Mesmo que seja a opinião de um conjunto pequeno de cientistas. Afinal, um conjunto de pessoas enviesadas pode resultar em um consenso mais enviesado ainda.

Nesse contexto, o uso adequado do método científico é o melhor caminho para ver as coisas de uma maneira mais próxima da realidade. Vou tomar a liberdade aqui de complementar aquela citação de Nin:

"Não vemos as coisas como são, vemos como somos. Mas se usarmos o pensamento científico, podemos nos libertar dessa visão limitada por vieses e perceber cada vez mais como as coisas realmente são."

COMO FUNCIONA O MÉTODO CIENTÍFICO?

Para estabelecer "verdades objetivas", precisamos testar ideias por meio do método científico. Discutimos no capítulo anterior que certezas não existem. Por isso, o conceito de "verdade objetiva" aqui diz respeito a uma verdade transitória, a percepção mais próxima que temos da realidade até o presente momento.

Sobre o uso do método científico na nossa forma de pensar cotidiana, Neil DeGrasse Tyson dá o seguinte exemplo. Imagine uma situação na qual você precisa ir para o trabalho, mas não consegue dar a partida no seu carro. O pensamento mais científico seria:

1. Observação de um problema: Meu carro não liga.
2. Pergunta: Será que a bateria descarregou?
3. Hipótese: Se a bateria descarregou, se eu carregá-la, então o carro deve ligar.
4. Experimento: Vamos carregar a bateria e tentar ligar o carro.
5. Resultado: O carro ligou após a carga da bateria.
6. Conclusão: É provável que a bateria estivesse descarregada.

Note que se você hipotetizar que o carro não ligou porque, na verdade, existem "gremlins" no motor do carro, então você precisa propor um experimento para testar a presença de gremlins no motor. Retornamos ao conceito de Ciência proposto por Karl Popper no segundo capítulo: uma hipótese que seja irrefutável não é uma hipótese sequer científica.

O método científico se refere a um conjunto de regras básicas dos procedimentos que produzem o conhecimento científico, seja um conhecimento inédito, seja o aprimoramento ou correção de conhecimentos já estabelecidos. Na maioria dos campos científicos, esse processo consiste em recolher evidências empíricas verificáveis (baseadas na observação sistemática e controlada) e analisá-las com o auxílio da estatística e do uso da lógica.

No exemplo do carro usado por Neil, obviamente não estamos diante de um experimento científico. Trata-se de uma situação cotidiana vivenciada uma única vez e por um único indivíduo. A bateria do carro ter ligado após ter sido carregada não implica necessariamente causalidade. Mas é muito provável que a conclusão esteja correta, pois é coerente e compatível com o conhecimento sobre o mundo e sobre carros que nós já temos. É como se tivéssemos lançado mais uma bola branca na mesa de bilhar de Thomas Bayes do capítulo passado. Mas, mais importante que isso, o exemplo ilustra os passos básicos que costumam ser seguidos no exercício do método científico.

É importante entender, contudo, que enquanto o método científico fornece um conjunto de princípios e processos gerais, ele é aplicado de maneira flexível e adaptável em diferentes áreas do conhecimento. Cada campo de estudo possui suas próprias especificidades e cada pergunta a ser respondida possui uma metodologia mais adequada capaz de respondê-la com mais precisão e com menor risco de vieses. A seguir, formulei um "esquema básico" que pode nos dar uma ideia mais ampla de como esse método funciona:

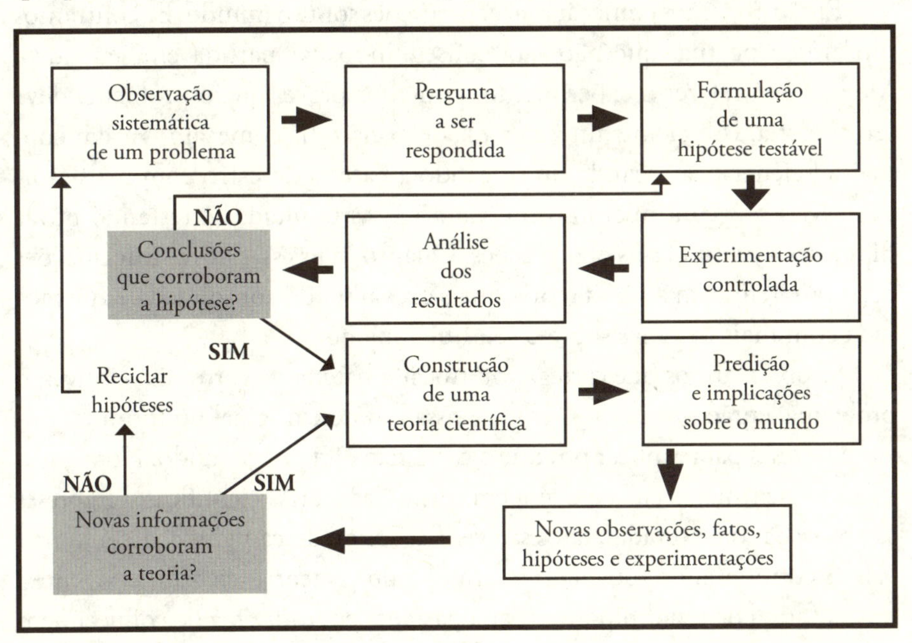

Esse é *apenas* um esboço, contendo os principais passos envolvidos no método científico. Vamos aplicar essa figura ao exemplo que usamos no início deste tópico. O processo começa pela observação sistemática de um evento (existem repetidos momentos em que carros não ligam). Essa observação pode gerar uma pergunta científica (será que carros não ligam porque a bateria descarrega?). A partir dessa pergunta, formulamos uma hipótese testável: Se um carro não liga porque a bateria descarrega, carregando a bateria ele deve ligar.

Parece uma boa hipótese, mas precisamos testá-la. Pegamos então carros que não estão ligando, carregamos suas baterias e analisamos os resultados de uma nova tentativa de dar a partida: "Bom, parece que a maior parte dos carros que não deram partida antes, passaram a funcionar após a bateria ser carregada". Outros carros nós deixamos sem carregar (como um grupo controle) e tentamos dar partida novamente: "Eles continuaram sem funcionar".

Chegamos à conclusão de que a maior parte dos carros que não ligam estão com a bateria descarregada. Isso corrobora nossa hipótese inicial. Podemos começar a construir, juntamente com os resultados de outras hipóteses testadas ou refutadas, a teoria de que quando um carro não dá partida, pode ser por causa da sua bateria.

Então podemos começar a fazer predições sobre o mundo. Encontramos um amigo na rua, que não está conseguindo dar partida em seu carro. Mesmo sem refazer o experimento, podemos prever que o problema deve ser a bateria. Isso facilita uma tomada de decisão (já começamos a agir com mais eficiência, carregando ou trocando a bateria do carro com mais rapidez). Mas nós continuamos observando esses resultados e testando novas hipóteses a partir dessas observações. Quanto mais essas novas informações corroborarem com a nossa teoria, mais ela vai sendo consolidada e aprimorada com mais detalhes sobre o seu funcionamento.

Se observarmos que carregar ou trocar a bateria do carro não resolveu o problema, então precisamos refinar nossa hipótese original ou formular novas hipóteses para explicar por que o carro não está funcionando. Note que o método científico é cíclico e gira em torno das teorias científicas. Hipóteses são provadas ou refutadas, fatos são verificados ou descartados e, dessa forma, vamos corroborando (ou então reformulando) as teorias científicas vigentes.

A forma de testar hipóteses varia bastante em cada área de conhecimento, mas a forma como a Ciência sabe o que ela sabe possui um padrão universal. Não podemos tomar decisões baseadas apenas em hipóteses. Precisamos tomar decisões baseadas em evidências científicas. Somente assim podemos testar verdades objetivamente, de modo independente em relação àquilo que acreditamos ser verdade. As "verdades subjetivas" são criadas por nós mesmos, enquanto verdades objetivas, ainda que transitórias, são descobertas por meio do método científico e são maiores do que nós.

APLICANDO O MÉTODO CIENTÍFICO: COMO SABEMOS SE UM TRATAMENTO FUNCIONA?

Theodor Morell foi o médico pessoal de Hitler. Ganhou fama ao longo da história pelos seus "tratamentos pouco convencionais". Dentre as diversas substâncias prescritas ao ditador, Morell utilizava um preparado que batizou de Vitamultin.

Hitler afirmava sentir mais "energia" quando usava esse "remédio". A confiança no medicamento milagroso era tanta que ele passou a ser produzido pela empresa Nordmark e embalado em um papel dourado, com um carimbo contendo os dizeres: "Fabricação especial para o Führer" (do original em alemão: *Sonderanfertigung Führer*). Mas qual era o conteúdo desse poderoso medicamento revigorante?

Pó de baga de roseira, limão seco, gérmen de trigo, centeio, leite desnatado em pó, cacau, vitaminas B1 e B3 e açúcar refinado. Olhando para os ingredientes, nada tão poderoso assim. Hitler aparentemente não sofria de carências vitamínicas, mas consumia várias unidades da "barrinha dourada" por dia. Tinha um verdadeiro estoque do seu "remédio especial".

Na época, a fórmula era um segredo. Isso gerou curiosidade nas demais pessoas. Afinal, se o *Führer* estava tomando algo que dizia ser milagroso, todos do seu entorno também queriam tomar. Assim, Morell fez uma outra versão do Vitamultin. Dessa vez em uma embalagem prateada e com outro carimbo: "Fabricação especial para a Chancelaria do Reich" (do original em alemão: *Sonderanfertigung Reichkanzelei*). A nova versão da fórmula era disputada pelos altos oficiais do Reich. Morell teria registrado: "O Vitamultin tem tido ótimos resultados aqui. Todos os senhores manifestam-se de forma elogiosa e a recomendam para suas famílias em casa." Naturalmente, não demorou muito para o médico expandir seu mercado.

Começou então a oferecer seu remédio famoso para os trabalhadores do *front* (quase 1 bilhão de unidades, segundo registros), bem como para a SS (organização paramilitar ligada ao Partido Nazista e a Adolf Hitler). Também tentou levar seu lucrativo mercado vitamínico para as tropas terrestres do exército, porém sem conseguir o mesmo sucesso.

Morell foi ainda contrariado pelo médico da Força Aérea, Dr. Hippke, frente ao qual se defendeu: "Com informações falsas, Dr.

Hippke tenta desautorizar um preparado de primeira qualidade e tenta me diminuir." Hippke foi exonerado do cargo, tal era a força desse inventado mercado polivitamínico.

Quando Hitler de fato ficou doente, obviamente o Vitamultin não foi capaz de provocar melhora alguma. Com o objetivo de manter sua reputação e provocar algum efeito perceptível, Morell secretamente começou a adicionar substâncias químicas com ação farmacológica, como drogas estimulantes (metanfetamina) e hormônios sexuais, ao seu preparado. E isso temporariamente melhorava a sensação de fadiga e a motivação do líder nazista, fazendo-o acreditar que o medicamento era eficaz.

Saindo do contexto da Segunda Guerra Mundial, vamos voltar no tempo, para o ano de 1744. O navegador George Anson retornava à Inglaterra após quatro longos anos navegando. Foi um retorno triunfante após batalhas navais contra a Espanha. Apenas quatro de seus tripulantes morreram por ferimentos decorrentes desses embates. Por outro lado, 1.000 tripulantes foram mortos por outro oponente: uma doença conhecida como escorbuto, que assombrava os marinheiros da época.

Hoje sabemos que o escorbuto é causado pela deficiência da vitamina C (presente naturalmente em frutas cítricas, por exemplo). Essa vitamina é necessária para produção de colágeno para dar adesão a músculos, vasos e outras estruturas do corpo. Mas na época ninguém sabia disso, assim como frutas frescas não faziam parte da dieta de marinheiros navegando.

Como não se conhecia a causa do escorbuto, as pessoas daquele tempo tentavam usar de tudo para tratá-lo: sangrias, mercúrio, água do mar, ácido sulfúrico etc. Obviamente tentativas sem sucesso. O escorbuto continuava a assolar aqueles que se aventuravam no mar até que um jovem médico escocês, James Lind, cansado de explicações exotéricas e tratamentos bizarros, usou a racionalidade científica para tentar encontrar uma solução. Lind teve a seguinte ideia: e se dividirmos os tripulantes com escorbuto em grupos, e tratarmos cada grupo de uma maneira diferente? Assim, se um grupo específico melhorar, podemos ter ideia de qual tratamento foi mais eficaz.

Então, os marinheiros doentes foram divididos em sete grupos, que receberam:

1. Cidra
2. Ácido sulfúrico
3. Vinagre
4. Água do mar
5. Pasta de alho
6. Frutas cítricas
7. Nada (esse grupo não recebeu tratamento, foi apenas observado).

Após alguns dias de experimento, Lind percebeu que o grupo que consumiu laranjas e limões "milagrosamente" estava quase recuperado. O restante continuou tão mal – ou pior – do que os que não haviam recebido nada. O médico escocês concluiu que frutas cítricas poderiam prevenir e tratar o escorbuto e relatou sua descoberta em um tratado de quatrocentas páginas que foi ignorado por décadas, mas que salvou a vida de inúmeras pessoas que eram acometidas por essa doença quando finalmente foi levado a sério.

Contei aqui a história de dois médicos, Theodor Morell e James Lind, que propuseram tratamentos "inovadores" e "milagrosos" em suas respectivas épocas: o sucesso de vendas Vitamultin, de Morell, e as frutas cítricas que receberam pouca atenção, de Lind. Porém, esses dois tratamentos possuem uma diferença fundamental e irreconciliável: apenas um deles seguiu o método científico e, por isso, foi capaz de salvar vidas.

O que chama a atenção na história de Morell é o quanto é fácil criar soluções aparentemente milagrosas a partir de algo originalmente sem eficácia. Usando um bom marketing, o testemunho das pessoas, o apelo à popularidade, o argumento de autoridade e o próprio resultado das vendas, a crença na eficácia do Vitamultin foi se solidificando. Porém, a crença na eficácia não significa necessariamente eficácia verdadeira.

Já se perguntou quantas coisas lhe oferecem ou tentam vender como sendo eficazes, quando na realidade são tão úteis quanto o Vitamultin? E por que isso acontece com tanta frequência?

Pode reparar, mesmo se os estudos científicos mostrarem que um tratamento não possui eficácia, alguém vai sempre comentar: "Mas eu usei e funcionou", "Eu sempre prescrevi e meus pacientes têm bons resultados". Isso acontece porque popularmente estamos acostumados a dizer que algo tem efeito quando observamos alguma melhora subjetiva após usar um tratamento.

Porém, cientificamente, só podemos dizer que algo é eficaz quando os efeitos observados em quem foi tratado são superiores aos observados em um grupo controle adequado. Vamos supor que após usar o Vitamultin, 75% das pessoas relataram algum grau de melhora do seu problema. O relato pessoal desses indivíduos irá ser bastante positivo e impactante. Mas foi o tratamento que fez isso?

Há, na verdade, uma variedade de explicações possíveis para essa percepção de melhora. Por exemplo:

1. História natural da doença: são raras as doenças que evoluem em nosso corpo sem nenhuma possibilidade de reação. Nosso organismo tem a capacidade de se adaptar às adversidades e, muitas vezes, melhoramos sozinhos, como no caso de uma evolução natural de um resfriado ou períodos de melhora ou piora em uma dor lombar crônica. Se usarmos qualquer coisa durante esse processo natural de recuperação, podemos achar que melhoramos por essa intervenção, quando na verdade as próprias características da nossa doença é que levaram a esse resultado.
2. Efeito Hawthorne: pessoas mudam de comportamento quando sabem que estão sendo observadas. Só de saber que está sendo acompanhado por um profissional de saúde ou recebendo um tratamento prescrito por ele, pacientes podem melhorar hábitos de vida, aliviando sintomas. Ou então ficarem mais propensos a dizer que estão se sentindo melhor, pois estão recebendo um tratamento.
3. Regressão à média: parâmetros biológicos se agrupam ao redor da média e tendem a reduzir sua frequência conforme se afastam dela. Ou seja, uma pressão muito alta hoje, provavelmente estará mais baixa amanhã e vice-versa. E isso acontece independentemente do uso de um medicamento. Mas, se alguém usar o Vitamultin nesse intervalo, vai atribuir a melhora do quadro ao medicamento e não ao fenômeno de regressão à média.
4. Efeito placebo: parte dos pacientes pode referir melhora do seu problema pelo simples fato de acreditar na intervenção e ter expectativa de melhorar com ela. O que hoje se chama de “efeito placebo” é na verdade a soma deste e dos outros vieses

citados, que a gente acaba confundindo como sendo eficácia do tratamento.

Nesse sentido, a ideia de James Lind foi genial: separar os pacientes em grupos com diferentes tratamentos e comparar esses grupos a um grupo sem tratamento, chamado de grupo controle. Lind não cedeu apenas à sua observação pessoal, como os outros médicos da época faziam. Ele observou o problema sistematicamente, formulou hipóteses testando-as em um experimento controlado, obteve resultados que corroboraram com a ideia de que frutas cítricas poderiam tratar o escorbuto e assim formulou sua teoria. Posteriormente, tudo isso foi sendo aplicado e posto à prova, e os resultados obtidos fortaleceram ainda mais a ideia de que o escorbuto se dava pela carência da vitamina C.

Enquanto Morell se baseou apenas na sua observação pessoal e em suas próprias promessas, sendo considerado uma fraude por isso, Lind desenvolveu um método que ao longo do tempo foi sendo aprimorado e hoje é considerado o padrão-ouro para se testar eficácia de medicamentos, tratamentos e vacinas, justamente por estar de acordo com o método científico: os ensaios clínicos controlados.

Ao ler até aqui, você pode se perguntar: "Se o Vitamultin fazia as pessoas se sentirem bem, qual é o problema em usá-lo, mesmo que não tenha uma eficácia científica?". Além do desperdício de dinheiro e o enriquecimento imoral por uma propaganda enganosa, esse tipo de análise subjetiva pode nos conduzir a armadilhas muito perigosas.

Primum non nocere. É o termo em latim conhecido no português como "Primeiramente, não cause mal". Essa frase atribuída a Hipócrates é provavelmente o princípio mais importante da área da saúde, também conhecido como princípio da "não maleficência". Ou, como diriam nossas mães: "Muito ajuda quem não atrapalha". Quando ignoramos o método científico no momento de afirmar a eficácia de tratamentos, automaticamente corremos o risco de mais atrapalhar do que ajudar.

Vamos finalizar este tópico com um exemplo que ilustra bem o que estamos discutindo. Você já deve ter ouvido falar em um tratamento antigo chamado de sangria. Consistia basicamente em cortar a pele, romper vasos sanguíneos e literalmente fazer a pessoa sangrar como forma de curar praticamente qualquer tipo de doença. A sangria começou a ser empregada na Grécia antiga. Naquela época, pensava-se que as doenças eram causadas por um desequilíbrio em nossos fluidos corporais. Como o sangue era associado a uma boa disposição, quando alguém ficava doente imaginava-se que era porque o sangue tinha estagnado nos vasos sanguíneos.

Partindo dessa premissa, a cura seria a remoção desse sangue. Como a tradição médica grega era forte, não houve muito questionamento sobre a comprovação dessa prática. Assim, a sangria começou na Antiguidade e perdurou por séculos, sustentada apenas pela observação subjetiva de que existiria uma eficácia, da mesma forma que Morell fez com sua "vitamina mágica".

Os europeus colonizaram outros locais e levaram a prática da sangria aos países colonizados, onde também não houve questionamento. Os médicos norte-americanos, por exemplo, admiravam a medicina inglesa e aceitavam sua autoridade. Quando o presidente George Washington ficou resfriado em dezembro de 1799, foi "tratado" com a sangria. Porém, foi tão intensa que drenaram quase metade do seu sangue em cerca de 24 horas. E é bem provável que essa tenha sido a causa da sua morte.

Um homem que tinha sobrevivido à varíola, vários episódios de malária e quatro tiros de mosquete, foi morto por um "tratamento" considerado eficaz, durante um resfriado. Posteriormente, a sangria foi avaliada por meio de ensaios clínicos, da mesma forma que James Lind avaliou o escorbuto. O resultado: quem fazia sangria morria mais do que quem não recebia tratamento nenhum. Ainda assim, muitas pessoas não aceitaram esses dados científicos porque acreditavam mais na sua experiência pessoal enviesada.

Da Antiguidade até o século XVIII, quantas pessoas morreram por causa de um tratamento que popularmente era considerado eficaz, quando cientificamente era ineficaz e prejudicial? Infelizmente, esse é o alto preço que pagamos quando abrimos mão da racionalidade científica.

ENFIM, A EVIDÊNCIA CIENTÍFICA!

Podemos entender evidência científica como aquilo que foi capaz de confirmar ou refutar hipóteses científicas. O resultado do experimento de James Lind, por exemplo, deu suporte à sua hipótese das frutas cítricas como tratamento do escorbuto. Diversas medições astronômicas ajudam a reforçar teorias da Física, e assim por diante. Evidências científicas são informações públicas que, em geral, não deveriam provocar grandes controvérsias, uma vez que, para sua obtenção, o método científico deveria ser rigorosamente observado.

Ainda assim, é possível que as evidências disponíveis apoiem hipóteses ou teorias até certo ponto concorrentes. Por exemplo, nossas evidências disponíveis relacionadas à natureza da gravidade dão suporte tanto às teorias de Newton quanto às teorias de Einstein. A princípio, isso pode contribuir para uma falta de consenso entre os cientistas. Mas, com o acúmulo gradual das evidências ao longo do tempo e a sua compatibilidade com o ecossistema científico, consensos mais unificados costumam emergir. É exatamente nesse sentido a crítica de Mario Bunge ao conceito de "revoluções científicas" proposto por Thomas Kuhn, que abordamos no segundo capítulo.

Além disso, dados robustos e transparentes obtidos pelo exercício do método científico podem ser interpretados de maneiras distintas, dependendo do contexto teórico ou hipotético no qual são analisados. Em nossa conversa no capítulo anterior, ficou nítido que a descontextualização de dados pode levar a enganos ou conclusões inadequadas, mesmo na presença de dados verdadeiros.

Outro ponto que precisamos observar é saber qual tipo de evidência podemos de fato considerar e levar a sério. Não se trata aqui de escolher apenas as evidências que nos agradam. Isso seria permitir que o viés de confirmação sabotasse nosso julgamento crítico. Ao contrário, é necessário ter consciência racional sobre o que de fato pode ser considerado uma evidência científica. A não observância dessas limitações pode minar o consenso científico, transmitindo a impressão de que os cientistas são confusos e não conseguem chegar à conclusão de nada.

Talvez o maior exemplo da ocorrência desse fenômeno seja na discussão dos benefícios e malefícios de um alimento "polêmico": o ovo. Afinal, consumir ovos faz mal, faz bem ou não faz diferença?

Esse mesmo problema acontece para diversos outros assuntos de caráter científico, perpetuando uma ideia falsa de que a Ciência muda a toda hora, é contraditória ou mesmo inconclusiva. De fato, você já aprendeu neste livro que uma das características mais importantes da Ciência é que ela abraça a incerteza e que está apta a mudar e reformular suas hipóteses e teorias quando confrontada por evidências contrárias mais contundentes. Porém, isso é um mérito que a separa de crenças infalíveis, as quais acabam se tornando dogmáticas ou irracionais.

Mas mesmo com esse caráter falível e transitório, a Ciência não muda a todo momento tão rapidamente. O que acontece é que somos diariamente soterrados com novos estudos sobre um determinado tema, sendo a sua maioria estudos pouco importantes. E não é tão simples, sem treinamento científico prévio, separar o joio do trigo. Estudos observacionais, estudos de baixo rigor metodológico ou com baixo poder estatístico ocupam a maioria das publicações e, em geral, são aqueles que acabam ganhando atenção da mídia. Porém, são estudos com limitações importantes, que até podem contribuir com *insights* para gerar novas hipóteses, mas não possuem caráter confirmatório. Em alguns casos podem gerar mais confusão do que trazer uma informação útil. Ou seja, boa parte dos estudos científicos disponíveis não é capaz de confirmar ou refutar hipóteses científicas.

Em outras palavras, a publicação de um estudo não é uma garantia de sua qualidade ou relevância. Alguns estudos podem ter falhas em seu design, frequentemente sofrendo de limitações como amostras pequenas ou não representativas, falta de controle adequado de variáveis, ou métodos estatísticos inadequados. Além disso, o viés de publicação, onde estudos com resultados positivos ou surpreendentes são mais propensos a serem publicados, pode distorcer a percepção pública sobre um tópico (abordaremos exemplos sobre isso no tópico "Algumas *fake news* são 'filhas'" de ciência mal feita do capítulo "*Fake news* e a pandemia da desinformação").

Isso pode levar a resultados muito heterogêneos sobre um mesmo tema, dando essa impressão de que a Ciência está confusa. O catalisador para isso são os veículos de comunicação, que acabam divulgando esses resultados inconsistentes e não confirmatórios de uma maneira sensacionalista, com o intuito de polemizar um determinado assunto e gerar vendas e acessos.

Contudo, embora nem todos os estudos científicos possuam o rigor metodológico desejável e nem toda publicação científica represente uma evidência de alta qualidade, é essencial reconhecer a força e a confiabilidade do método científico como um todo. A ciência não é um edifício construído com base em um único estudo ou descoberta, mas sim um processo contínuo de questionamento, experimentação e refinamento. A verdadeira beleza da ciência reside em sua capacidade de evoluir e de se autocorrigir ao longo do tempo. Quando um estudo apresenta falhas, o processo científico, por meio da revisão por pares, questionamentos da comunidade científica e subsequentes pesquisas, tende a identificar e corrigir esses erros. Portanto, a confiança na ciência não vem da infalibilidade de cada pesquisa individual, mas sim da robustez do método científico como um sistema que, em última análise, busca um entendimento preciso do mundo ao nosso redor.

E quanto aos livros? Seria este livro que você está lendo agora, que discute pensamento científico, uma evidência científica em si? A resposta direta é: não. Embora possa parecer surpreendente, considerando nossa dependência de livros para adquirir conhecimento ao longo de nossos estudos, os livros não são, em si, evidências científicas.

O papel aceita tudo. Se, por um lado, muitos livros se baseiam em evidências científicas para a escrita dos seus capítulos, tornando-as mais acessíveis e didáticas à pessoa que está lendo, por outro lado, todo livro é uma narrativa potencialmente enviesada pelo olhar do seu autor. Neste livro, por exemplo, estou conduzindo você pelos tópicos e pontos que julgo mais importante conhecer e refletir sobre a Ciência e o pensamento científico. Ou seja, este livro é reflexo também do meu olhar sobre esse tema.

Aqui, modestamente, acredito que estou apresentando um bom caminho para aprendermos a pensar cientificamente, tomando o cuidado de me basear em conceitos científicos já estabelecidos e traduzi-los a uma linguagem mais acessível para quem está lendo. Mas autores pseudocientíficos irão escrever livros pseudocientíficos. E essas mesmas pessoas e outros praticantes de técnicas duvidosas ou picaretas irão citar esses livros pseudocientíficos como se fossem evidências que embasam suas práticas ou tomadas de decisões.

Por exemplo, suponha que eu seja um "terapeuta quântico" e a minha prática profissional não tenha base em evidências científicas de qualidade. Ainda assim, sou carismático, tenho destaque na mídia e escrevo um livro sobre essa minha "técnica milenar quântica". Não existe nada que impeça minha publicação. Então imagine que a leitura desse livro seja agradável, que obedeça a uma certa lógica interna de raciocínio (ainda que permeada de falácias) e tenha uma retórica convincente. Então, eu e outras pessoas passamos a citar esse livro como uma prova de que a terapia quântica funciona. Mas, do ponto de vista científico, trata-se de um conhecimento vazio, circular.

É por isso que uma evidência científica de qualidade necessita ter seus resultados obtidos por meio de um método rigoroso, com uma amostra de tamanho bem dimensionado para que análises estatísticas pertinentes possam ser executadas em um contexto adequado, gerando resultados confiáveis. Além disso, uma evidência científica de qualidade em geral se comunica bem com o ecossistema científico construído sobre aquele tema até então. São essas evidências que são capazes de transformar o nosso conhecimento e servir de base para a tomada de decisões.

Tudo bem, mas e sobre o ovo? Bom, para a grande maioria das pessoas que já consome uma quantidade de colesterol significativa por diversas fontes – e considerando a significativa importância da produção endógena de colesterol pelo nosso organismo –, o consumo médio de ovo não vai fazer diferença nisso. Apenas em casos específicos de necessidade de restrições rigorosas no colesterol, a redução do consumo de ovo poderia gerar algum impacto. Perceba que não é uma resposta tão reducionista e determinista quanto: "comer ovo faz bem" ou "comer ovo faz mal", mas também não existe uma grande polêmica sobre isso na Ciência, se soubermos analisar o que de fato pode ser considerado uma evidência científica de qualidade.

UMA TEORIA NÃO É "SÓ UMA TEORIA"

"Eu não acredito na Teoria da Evolução, porque a Teoria da Evolução é só uma teoria". Existe uma grande diferença entre o uso coloquial e o uso científico da palavra "teoria". Em discussões de bar ou mesmo na internet, é muito comum ouvir frases como essa, em especial ditas por pessoas que negam ou não concordam com algum aspecto da Ciência que confronta suas próprias crenças. Isso acontece em debates, muitas vezes mal informados, sobre a Teoria da Evolução das Espécies pela seleção natural, a Teoria da Relatividade de Einstein, que revolucionou nosso entendimento do tempo e do espaço etc. Já aconteceu no passado, como vimos neste livro, até mesmo com a Teoria Heliocêntrica.

"Eu não estou interessado em nenhuma teoria, nem nessas coisas do oriente, romances astrais. A minha alucinação é suportar o dia a dia e meu delírio é a experiência com coisas reais", é o que diz a letra da música "Alucinação", de Belchior. Na concepção popular, "teoria" é entendida como um conhecimento de caráter especulativo e altamente hipotético. Em alguns casos, acaba representando um conjunto de opiniões sobre um determinado tema. Por exemplo: "Minha teoria é a de que o time de futebol XV de Piracicaba vai subir de série esse ano". É também o significado da palavra *teoria* na música de Belchior. Ele está se referindo a teorias obscuras sobre coisas hipotéticas e distantes das "coisas reais". Também usamos a palavra *teoria* nesse sentido mais popular quando nos referimos às "teorias da conspiração".

Porém, esse conceito de teoria é válido apenas para os "filósofos" e "cientistas" de boteco, acompanhados de uma cerveja bem gelada e algumas fichas para a mesa de sinuca. Na verdade, quando estamos falando dessa forma, estamos nos referindo a palpites. No máximo, a hipóteses.

Na Ciência, a palavra *teoria* tem outro peso e significado. Sem nos prendermos demais a definições técnicas, podemos dizer que teorias são o maior nível de entendimento que temos sobre algo no mundo. É, portanto, um dos aspectos mais fundamentais da Ciência. Se nos atentarmos para o esboço que fiz sobre o método científico no capítulo passado, lembraremos que tudo começa com a observação sistemática de fatos. Os fatos são justamente observações que fazemos no nosso dia a dia.

Por exemplo, de manhã, meu quarto fica mais claro porque está entrando uma luz pela janela. Isso é um fato. Eu posso tentar explicar por que isso acontece: "deve ser porque lá fora está sol". Esse é meu palpite. Se o meu palpite vem de uma observação sistemática de fatos, então na verdade eu formulei uma hipótese: "Está entrando luz no meu quarto porque está sol lá fora".

Porém, hipóteses precisam ser testadas. E, assim, posso sair de casa e olhar para o céu e me deparar com o sol. Isso confirma minha hipótese inicial. Quando eu começo a testar várias hipóteses e combinar seus resultados, aí, sim, estou diante de uma teoria. Teorias não são palpites. Ao alcançar esse *status*, é porque a incerteza que temos sobre esse aspecto do mundo já foi bastante reduzida. Chamar algo de teoria, no campo científico, é como conferir um selo de qualidade à explicação encontrada.

Em outras palavras, se você tem apenas uma ideia de como algo funciona, você não tem uma teoria. Você tem um palpite. Se bem pensado e baseado em observações sistemáticas, você chega a uma hipótese. Ela deve ser testada e, mesmo que seu experimento isolado a confirme, isso não a elevará imediatamente ao *status* de teoria. Será necessário que um conjunto de hipóteses sejam confirmadas e refutadas nesse processo. Ao final, uma teoria deve ser capaz de explicar coisas que já aconteceram, nos mostrar o que está acontecendo nesse momento e ter o poder de "prever", com um certo grau de incerteza, coisas que ainda não aconteceram. Ou seja, não tem relação nenhuma com "especulações".

Ampliando nosso universo de conceitos, temos também a "lei". Não se confunda, pois uma teoria também é diferente de uma lei. É comum, popularmente, o erro de se pensar que teorias científicas estão abaixo de leis. O senso comum nos diz que uma teoria "se transforma" em uma lei caso ela seja "comprovada". Contudo, essa definição popular é completamente equivocada. É essencial entender que leis e teorias servem a propósitos diferentes na Ciência. Enquanto uma lei descreve o "o que" acontece, geralmente com equações matemáticas, uma teoria explica o "porquê" e o "como" algo acontece. Uma lei pode existir sem uma teoria que a explique, mas uma teoria robusta frequentemente engloba várias leis relacionadas.

Leis científicas são, portanto, sínteses que descrevem detalhadamente uma grande variedade de observações e resultados de experimentos. Por exemplo, a Lei da Gravitação Universal de Newton (Lei da Gravidade) é a descrição formal das recorrentes observações de que, toda vez que um objeto é solto no ar, ele cai. É uma descrição detalhada que mostra, inclusive, os cálculos envolvidos nesse acontecimento. No entanto, essa lei não fornece uma explicação profunda para o "porquê" de a gravidade ocorrer. Por outro lado, teorias como a Teoria Geral da Relatividade de Einstein tentam explicar o mecanismo subjacente da gravidade e são capazes de fazer predições testáveis que vão além das limitações das leis. Portanto, leis e teorias desempenham papéis distintos na Ciência e uma não é hierarquicamente superior à outra.

Aprofundando um pouco mais na complexidade do conhecimento científico, devemos considerar uma emergente preferência pelo termo "Enunciado probabilístico" em contraste com a tradicional "Lei científica". Essa evolução no pensamento científico reflete uma adaptação à realidade multifacetada e intrinsecamente incerta de muitos fenômenos naturais e sociais, conforme discutimos no capítulo anterior. Dessa forma, enquanto as leis científicas procuram descrever fenômenos com precisão e certeza, os enunciados probabilísticos reconhecem e quantificam a incerteza, oferecendo uma visão mais matizada e realista do mundo. Em campos como a Física Quântica, a Medicina e as Ciências Sociais, nos quais os resultados podem ser inerentemente imprevisíveis ou influenciados por inúmeras variáveis, os enunciados probabilísticos talvez forneçam uma abordagem mais adequada e honesta. Assim, a Ciência reconhece que a probabilidade é um dos conceitos mais viáveis para entender a complexidade do Universo.

Dizer que as ideias de uma Teoria não são válidas "porque é apenas uma teoria" é um grande erro cometido por quem não conhece suficientemente a Ciência. Ou, pior, pode ser uma manobra desonesta de negá-la. É claro que nenhuma teoria científica pode fazer afirmações com um grau de certeza absoluta. Já sabemos que a certeza não existe e sabemos como isso pode ser frustrante e angustiante. Como tudo na Ciência, teorias podem ser confrontadas e modificadas.

Aqui não tenho como não parafrasear Carl Sagan: a melhor forma de tomar as decisões de qual caminho seguir no escuro é com o auxílio de uma vela ou lanterna. Com essas ferramentas, é possível aumentar a probabilidade de tomar melhores decisões em uma situação complexa (escolher o melhor trajeto, saber onde pisar, não cair etc.). Mas, tão importante quanto isso, ao iluminar um pedacinho do caminho, temos uma ideia melhor do quão escuro está ao nosso redor. Aumentamos nossas probabilidades de sucesso e ao mesmo tempo percebemos humildemente que a luz daquilo que sabemos é apenas um facho em meio à grande escuridão daquilo que ignoramos. "É melhor acender uma vela do que praguejar contra a escuridão", diz o adágio popular que figura na epígrafe do livro de Sagan *O mundo assombrado pelos demônios*.

Mesmo tentando ter algum domínio sobre a natureza, o fato é que estamos subordinados a ela. Nesse contexto, uma teoria científica é o melhor caminho para entender um determinado aspecto do mundo em que estamos inseridos. Esse entendimento depende de múltiplos olhares científicos sobre um mesmo fenômeno. É sobre essa pluralidade de metodologias que vamos caminhar no próximo capítulo.

Uma Ciência, múltiplas vozes

"O todo é maior do que a soma das partes."

Aristóteles

A compreensão do que constitui uma "Ciência" é muitas vezes eclipsada por modelos que emergem predominantemente das ciências naturais e exatas. Os exemplos utilizados no capítulo anterior para explicar didaticamente o funcionamento do método científico seguem essa mesma direção. No entanto, como também falamos anteriormente, não existe um único método científico, mas sim uma pluralidade metodológica que é intrínseca ao empreendimento científico em sua totalidade. A discussão sobre o que é científico ou não deve considerar que diferentes questões exigem diferentes métodos para suas respectivas resoluções.

Nossa tradição intelectual a respeito do pensamento científico há muito se empenha em categorizar o conhecimento em compartimentos estanques, uma prática tão disseminada que raramente paramos para questionar sua validade. As etiquetas de "ciências exatas", "ciências naturais" e "ciências humanas" servem como marcadores utilitaristas em um currículo educacional ou para delinear departamentos em uma universidade, mas representam, fundamentalmente, muito mais uma convenção didática do que uma demarcação ontológica propriamente dita (embora essas categorizações também possam ser influenciadas, em partes, pelos diferentes tipos de objeto de estudo em cada área). A separação entre as disciplinas é, portanto, um constructo virtual, útil para a navegação didática, mas potencialmente enganosa se tomada como um norteador sobre a validade científica dessas disciplinas. O cerne da questão não é "o que" está sendo estudado, mas "como" e "por quê" – perguntas que transcendem as fronteiras artificiais entre as ciências exatas, naturais e humanas.

A máxima aristotélica que abre este capítulo serve como um alerta contra essa tendência moderna de dividir o conhecimento em categorias segmentadas. Aristóteles nos lembra que, ao fazer essa segmentação, corremos o risco de perder de vista a verdadeira essência e complexidade do fenômeno que estamos estudando. Em outras palavras, a compreensão completa e abrangente de qualquer tópico não pode ser alcançada apenas por uma disciplina ou visão isolada; requer uma abordagem interdisciplinar que integre múltiplas perspectivas e modos de pensar. Cada "parte" traz consigo uma riqueza de informações e métodos, mas é na intersecção e integração dessas "partes" que o conhecimento científico alcança sua expressão mais completa e enriquecida.

Nesse contexto, é fundamental entender que a caracterização de um campo do conhecimento como "científico" não é automaticamente determinada pela sua classificação como "biológico", "exato" ou "humano". Existem estudos científicos, assim como existem discursos pseudocientíficos, em todas essas áreas. O que torna uma disciplina científica não é a localização da "caixinha virtual" em que colocamos um tipo de conhecimento, mas sim seu compromisso com um método sistemático e transparente utilizado na elaboração de perguntas e na busca de respostas, e cujos resultados são encarados por um constante ceticismo organizado, conforme abordamos no capítulo "Um pouco de História e Filosofia da Ciência" ao falarmos de Robert Merton.

Não obstante as normas estabelecidas por Merton, existem correntes filosóficas que questionam os conceitos de objetividade e neutralidade na Ciência, argumentando que a Ciência está inevitavelmente imersa em contextos sociais e culturais, tornando-a susceptível a vieses ideológicos, econômicos e políticos. Esse fato não necessariamente mina a objetividade ou validade da ciência, mas acrescenta camadas de complexidade à sua prática e interpretação. Um entendimento robusto da Ciência deve incorporar também essas críticas para promover um diálogo menos reducionista sobre suas limitações e seu papel na sociedade (esse ponto de discussão será mais bem abordado no capítulo "A Ciência não é neutra – E isso não diminui seu valor").

A ausência de experimentação em muitas das chamadas ciências humanas, por exemplo, não necessariamente diminui suas naturezas científicas, mas aponta para métodos diferentes, adaptados à complexidade de cada fenômeno estudado. Enquanto um físico pode realizar um experimento em um laboratório sob condições controladas, um sociólogo pode aplicar várias técnicas de pesquisa, como entrevistas estruturadas e análise de dados quantitativos e qualitativos observacionais, para chegar a uma compreensão adequada de um fenômeno social específico.

O exemplo da bateria do carro, usado no capítulo anterior para representar a lógica do método científico, pode não ser imediatamente aplicável às ciências humanas. Ainda assim, seus fenômenos podem ser mais objetivamente estudados por meio de diversos métodos, incluindo o registro da história oral, análise do discurso, observações de campo e até mesmo métodos quantitativos com análises estatísticas. Diferentes pesquisadores podem chegar a conclusões variadas com base em seus próprios conjuntos de informações e métodos de análise, mas o ceticismo organizado permite que essas diferentes abordagens se confrontem e se refinem mutuamente.

Dessa forma, independentemente da subárea, nenhuma reivindicação de conhecimento científico deveria ser aceita como válida sem passar por um rigoroso escrutínio. E, mesmo após aceito, esse conhecimento precisa ser questionado e reavaliado à medida que o ecossistema científico, como um todo, evolui. Teorias e métodos que hoje são considerados revolucionários podem ser modificados, refinados ou mesmo substituídos à medida que novas informações e tecnologias se tornam disponíveis. Essa mutabilidade é tanto uma força quanto um desafio para a Ciência, pois exige um compromisso contínuo com a aprendizagem e a adaptação, assegurando que a Ciência permaneça uma ferramenta robusta para a compreensão do mundo em sua complexidade. Portanto, mesmo na ausência de experimentação no sentido clássico, as ciências humanas devem manter o rigor e objetividade por meio de outros mecanismos que estão em conformidade com os princípios do método científico, além do alinhamento e da coerência com o dinâmico ecossistema científico interdisciplinar no qual estão inseridas.

Embora o termo “objetividade”, especialmente nas ciências humanas, possa ser um “campo minado conceitual”, é possível afirmar que, enquanto nas ciências naturais a objetividade pode implicar na replicabilidade de resultados, nas ciências humanas, ela pode estar mais associada à transparência metodológica e ao rigor na interpretação. De qualquer modo, o objetivo sempre é a construção de um conhecimento que possa ser submetido ao escrutínio público e acadêmico, permitindo que suas afirmações sejam avaliadas, refutadas ou confirmadas de forma transparente e sistemática.

Além de rigor metodológico e escrutínio público, outra dimensão crucial na prática científica é a ética na pesquisa. Essa preocupação não se resume apenas ao tratamento de participantes humanos ou animais em estudos, mas também engloba questões como integridade acadêmica, transparência na divulgação de resultados e a consideração de implicações sociais e ambientais da pesquisa. A ética, portanto, é parte integrante do compromisso da ciência com a verdade e o bem-estar coletivo, acrescentando uma camada adicional de responsabilidade na condução e interpretação de pesquisas científicas (tópico que será aprofundado no capítulo "A Ciência não é neutra – E isso não diminui seu valor").

Tomemos, por exemplo, a área da História. Embora este seja um extenso tópico de debate na Filosofia da Ciência e na própria comunidade histórica, podemos afirmar que ela emprega um rigor metodológico que está em conformidade com os princípios básicos do método científico. Historiadores formulam hipóteses ou questões de pesquisa e depois as submetem ao confronto de evidências documentais, entrevistas, e ao estudo do contexto cultural, social ou econômico. Essa abordagem cumpre a exigência de ceticismo organizado nessa área, já que as conclusões são revisadas criticamente e estão sujeitas a reformulação com base em novas evidências ou interpretações. Ou seja, os métodos e critérios para o que é considerado científico podem variar grandemente de uma disciplina para outra, sem necessariamente tornar uma mais "científica" do que a outra. Isso contrastaria fortemente com uma abordagem "histórica" que se baseasse livremente em suposições, anedotas e não se submetesse ao rigor de uma investigação sistemática. A primeira abordagem é um exemplo de Ciência; a segunda, não.

É justamente esse pluralismo metodológico que permite que tanto as ciências humanas quanto as naturais e as exatas prosperem, cada uma contribuindo para o corpo do conhecimento humano de maneiras que a outra não poderia. É a interdisciplinaridade e a flexibilidade metodológica que nos permite abordar questões complexas de uma forma mais completa e matizada, reafirmando a unidade na diversidade do empreendimento científico como um todo. Nesse sentido, essas diferenças metodológicas não representam, a princípio, uma hierarquia de legitimidade científica. Em campos como Antropologia, História ou estudos literários, a natureza das questões pode requerer métodos qualitativos em vez de quantitativos, e isso não os torna menos científicos. É uma questão de adequação metodológica às perguntas, não uma questão de rigor científico *per se*.

Assim, enquanto as metodologias específicas podem variar consideravelmente entre as disciplinas das ciências humanas e entre estas e as ciências naturais ou exatas, o arcabouço geral do método científico – caracterizado por um processo sistemático e organizado de formulação de perguntas, coleta de dados, teste e revisão de hipóteses – continua sendo um denominador comum, conforme vimos no capítulo anterior deste livro.

PLURALISMO METODOLÓGICO É DIFERENTE DE RELATIVISMO EPISTEMOLÓGICO

É crucial, no entanto, distinguir essa rica pluralidade metodológica e ausência de fronteiras ontológicas rígidas entre os campos científicos, de um tipo de relativismo epistemológico extremo que poderia sugerir que "tudo vale" quando se trata de métodos científicos. A variedade de métodos disponíveis para as diversas disciplinas não significa que qualquer método é tão bom quanto qualquer outro para tentar responder a qualquer questão. Mesmo Paul Feyerabend, filósofo frequentemente citado como um proponente do relativismo na ciência, enfatizava que suas visões não deveriam ser interpretadas como um abandono do rigor; pelo contrário, Feyerabend argumentava que a diversidade de métodos e paradigmas pode enriquecer o conhecimento científico. Os perigos desse relativismo metodológico tornam-se mais evidentes quando métodos inadequados são aplicados a questões para as quais não são apropriados.

Epistemologia é o estudo de como conhecemos o que conhecemos, investigando a origem, a natureza e os limites do conhecimento humano. Relativismo epistemológico é a ideia de que o conhecimento e a "verdade" podem variar de pessoa para pessoa ou de cultura para cultura, sem uma base objetiva.

Aqui podemos retornar ao exemplo da História. Usar as metodologias empregadas nessa área para avaliar e tentar determinar a eficácia de um medicamento ou de uma intervenção em saúde seria não apenas inadequado, mas também perigoso. Enquanto os historiadores dependem fortemente da interpretação contextualizada de documentos e eventos, esses métodos não oferecem o tipo de evidência controlada e replicável necessária para estabelecer a segurança e a eficácia de um tratamento médico. Um erro metodológico como esse poderia levar a conclusões inadequadas e ter consequências graves, incluindo a perda de vidas.

Em contrapartida, o ensaio clínico randomizado, uma abordagem predominante na prática baseada em evidências para avaliar a eficácia intrínseca de uma determinada intervenção, seria totalmente inadequado para responder questões que são centrais para a História ou Literatura. Esse método é projetado para eliminar variáveis confundidoras de modo a isolar o efeito de um tratamento, algo impensável se estivermos estudando retroativamente as causas da Primeira Guerra Mundial ou interpretando um texto de Shakespeare.

Não se trata, portanto, de uma pergunta ser "mais científica" do que a outra; são simplesmente diferentes tipos de questões que exigem diferentes tipos de evidência e modos de raciocínio. Em cada caso, o que está em jogo é a inadequação metodológica que pode levar a conclusões erradas, desinformação e, em algumas circunstâncias, a prejuízos diretos. Nesse contexto, vale ressaltar que uma pergunta bem formulada é o ponto de partida para qualquer investigação científica. A qualidade da pergunta muitas vezes determina a metodologia que será empregada, e essa escolha metodológica, por sua vez, é o que nos permite obter respostas cientificamente válidas.

Em resumo, a ausência de fronteiras estritas entre as disciplinas científicas não nos condena a um abismo de relativismo metodológico. Ao contrário, nos convida a ser mais vigilantes e deliberados em nossa prática científica, reconhecendo que a validade e a utilidade não são propriedades intrínsecas de uma disciplina ou área do conhecimento, mas sim qualidades que emergem do rigor metodológico e do escrutínio coletivo. Assim, para obter uma resposta científica adequada, é imperativo formular uma pergunta científica adequada. E essa pergunta, por sua vez, exigirá uma metodologia adequada para gerar um resultado confiável. É neste ambiente rigoroso e autocrítico que a ciência, em todas as suas formas, avança.

No lado oposto, métodos inadequados ou emprego inadequado de métodos, falta de rigor científico e ausência de transparência não apenas desvalorizam a contribuição de um campo específico, mas também têm o potencial de "poluir" o entendimento mais amplo. Assim como um instrumento desafinado pode arruinar uma apresentação orquestral, um campo de estudo que não adere a padrões rigorosos de pesquisa pode introduzir erros e incertezas na rede mais ampla do conhecimento. Esse é o perigo da pseudociência ou de métodos científicos mal aplicados; eles não apenas falham em suas próprias aspirações, mas também colocam em risco a integridade do empreendimento científico como um todo. E é sobre esse intrigante tema que nosso próximo capítulo irá tratar.

Ciência ou pseudociência?

"Quando você acredita em coisas
Que você não entende
Então você sofre
Superstição não é o caminho."

Stevie Wonder
(tradução da música "Superstition")

Meu desejo enquanto autor desta obra é que você possa, ao longo da sua leitura, desenvolver algumas das ferramentas necessárias para o exercício do pensamento científico. Mas, além disso, espero também ser bem-sucedido na tarefa de mostrar a beleza do método científico que tem nos presenteado com descobertas deslumbrantes no decorrer da história humana.

De fato, é maravilhoso que nos deslumbremos com a Ciência. Sempre fico feliz quando novas descobertas são apresentadas, fazendo-nos vibrar. O problema é que tradicionalmente, em nosso sistema educacional e na sociedade como um todo, nos limitamos a mostrar e ensinar sobre os avanços e as conquistas da Ciência e não sobre como eles foram obtidos. Ensinamos às crianças que a Terra é geoide – e não plana –, mas não explicamos como chegamos a essa conclusão. Dizemos que as espécies evoluem por seleção natural, mas não mostramos como Darwin e seus sucessores descobriram isso.

Ou seja, apresentamos as descobertas e os avanços científicos como se fossem magicamente obtidos pela mente brilhante de um cientista excêntrico, esquecendo de mostrar o método pelo qual chegou-se a essas conclusões. Isso nos deixou vulneráveis, pois abrimos espaço para que algumas ilusões, disfarçadas de Ciência, também encontrassem seu lugar no deslumbramento humano. As pseudociências também são apresentadas como descobertas científicas, embora não sejam. Mas, como a maioria das pessoas não conhece o método e o raciocínio científicos, isso gera uma enorme barreira prática no momento de diferenciarmos Ciência de pseudociência.

O QUE É PSEUDOCIÊNCIA?

O desafio começa no próprio significado da palavra. Tão complexo quanto definir o conceito de Ciência é também determinar o que é pseudociência. Em linhas gerais, podemos entender como pseudociência qualquer tipo de doutrina que careça de confiabilidade, mas que de alguma forma tente transmitir credibilidade usando um vocabulário e uma forma de explicar seus conceitos que soe científico aos ouvidos menos treinados. Nesse sentido, uma prática pseudocientífica poderia ser definida como aquela que se apresenta como científica, mas cujos conhecimentos e técnicas não derivam de uma investigação sistemática, transparente e baseada em evidências empíricas. Em outras palavras, a pseudociência se afasta do ceticismo organizado característico da Ciência, que visa questionar e testar constantemente as hipóteses e teorias científicas de modo a evitar o viés de confirmação, a aceitação de ideias sem evidências suficientes e a utilização de argumentos falaciosos para sustentar teorias.

Ainda assim, não é tarefa simples conseguir demarcar precisamente a fronteira que divide a Ciência da pseudociência. Muitos cientistas e filósofos se dedicaram a isso ao longo da história sem haver, contudo, um consenso muito objetivo sobre o tema. Além disso, conforme discutimos no capítulo passado, cada campo do conhecimento tem suas próprias metodologias que conduzem ao conhecimento científico, tornando ainda mais complexa essa tarefa de demarcação. Porém, de modo amplo, algumas diferenças importantes entre a Ciência e a pseudociência podem ser destacadas, das quais oito estão listadas a seguir:

1. A Ciência abraça o criticismo. O método científico está disposto a testar e reciclar suas próprias hipóteses e reformular teorias sempre que necessário. Por outro lado, a pseudociência costuma ser mais hostil às críticas, rebatendo-as sem argumentos adequados ou evidências.
2. A Ciência usa uma terminologia precisa, com definições objetivas e claras, de modo a evitar ambiguidades ou diferentes interpretações sobre uma mesma informação. Já a pseudociência usa jargões confusos, que soam científicos, mas com a intenção de evitar ou encerrar discussões.

3. A Ciência leva em consideração todo o ecossistema científico, analisando as evidências com racionalidade e criticidade. A pseudociência usa apenas as evidências (fracas) que a confirmam e se apoia fortemente em testemunhos pessoais (evidência anedótica).
4. Enquanto a Ciência utiliza uma metodologia rigorosa e reprodutível, que estudamos no capítulo "Como a Ciência sabe o que ela sabe?", a pseudociência usa metodologias falhas com resultados que não se reproduzem.
5. A Ciência é capaz de mudar seus conhecimentos de acordo com o surgimento de novas evidências. É onde reside a sua beleza. A pseudociência é mais dogmática e inflexível. Em geral, tenta moldar as evidências e informações para se adaptar à sua doutrina.
6. As afirmações científicas são cuidadosas e incrementais à medida que as evidências são apresentadas. Ao contrário, as afirmações pseudocientíficas costumam ser grandiosas e vão além daquilo que é apresentado por suas evidências.
7. A Ciência segue uma lógica válida e cuidadosa. Já a pseudociência usa uma lógica inconsistente e inválida, como as falácias que estudamos no capítulo "Lógica como aliada da Ciência".
8. Em geral, o conhecimento científico é fruto do engajamento da comunidade científica. É um empreendimento social e coletivo. Por outro lado, o conhecimento pseudocientífico costuma surgir de uma ou outra pessoa dissidente que publica informações de maneira isolada ou, no máximo, em pequenos grupos.

Embora não seja tão simples identificar uma pseudociência, essas diferenças elencadas são um bom ponto de partida para esse processo. Contudo, o título deste capítulo possui um problema, você consegue identificá-lo?

Ao escrever esse título – "Ciência ou pseudociência?" – incorri propositalmente na falácia da falsa dicotomia. Fiz isso como um sinal de alerta para que você se lembre de que raramente as coisas são dicotômicas, ou seja, não existem apenas essas duas possibilidades. Dito de outra forma: o fato de algo não ser Ciência não significa que automaticamente seja uma pseudociência.

O senso comum, a arte e a religião, por exemplo, não são conhecimentos científicos, mas tampouco são conhecimentos pseudocientíficos. O senso comum não é necessariamente dogmático. É uma mistura de tradição com empirismo. Já a arte possui uma finalidade estética, contemplativa e altamente subjetiva, enquanto a religião, embora possua características dogmáticas e infalsificáveis, semelhantes às pseudociências, geralmente não se disfarça como Ciência ou tenta emprestar sua credibilidade. Neste último caso, o cenário muda se, por exemplo, uma interpretação literal da Bíblia for usada em sala de aula para tentar explicar a idade da Terra ou o surgimento das espécies, dando origem a teorias pseudocientíficas como a do design inteligente ("teoria" pseudocientífica que defende que certas características do universo e dos seres vivos são mais bem explicadas por uma causa inteligente, em vez de um processo aleatório, como a seleção natural).

Ainda que não seja algo dicotômico, diferenciar Ciência de pseudociência é fundamental para não cair em engodos. E isso não é um fenômeno recente. Há bastante tempo pessoas ganham dinheiro com promessas ilusórias, usando como artifício a pseudociência. A primeira patente médica emitida pelos critérios da Constituição dos Estados Unidos foi concedida para um par de varas que, segundo seu criador, tinha a capacidade de tratar a dor de pacientes. Em 1796, o médico Elisha Perkins patenteou sua invenção: um par de varas chamadas de extratores, que eram esfregadas em uma área machucada do corpo por vários minutos e que seriam capazes de tratar a dor de pacientes.

Segundo Perkins, os instrumentos extraíam o "fluido elétrico nocivo que está na raiz do sofrimento". Nessa mesma época, Luigi Galvani havia demonstrado que células nervosas eram capazes de produzir eletricidade. Assim, os extratores de Perkins pareciam fazer algum sentido teórico, em uma tentativa de forçar certa plausibilidade para o fenômeno.

Além da dor, Perkins também afirmava que os extratores podiam tratar reumatismo, gota, fraqueza muscular etc. Se gabava de contar com mais de 5.000 pacientes satisfeitos. Até George Washington – que foi morto pelas sangrias, como já vimos – havia comprado um par das varas metálicas. Devido ao sucesso, o filho de Perkins levou essa ideia para a Europa. Resultado: pai e filho ficaram ricos com a invenção. Vendiam extratores por preços exorbitantes, alegando que eram produzidos com uma liga metálica rara, essencial para a eficácia do método.

Porém, um médico aposentado, John Haygarth, munido de um forte pensamento crítico e tempo disponível, decidiu investigar mais a fundo.

Começou então a suspeitar desse tratamento "milagroso". Ele ouvia relatos de pacientes que diziam se sentir melhor, mas não acreditava que isso fosse causado pela intervenção com as varas. Então fez uma sugestão de teste: "Precisamos investigar isso de modo imparcial. Prepare um par de extratores falsos, que pareçam idênticos ao original, mas não avise ninguém. E registre fielmente os resultados tanto dos extratores falsos quanto dos originais". Ou seja, ele basicamente fez um ensaio clínico, semelhante àquele feito por James Lind, com o complemento de ser cego ao paciente.

> Um ensaio clínico cego significa que os pacientes não sabem se estão recebendo a intervenção verdadeira ou uma intervenção falsa. Um ensaio clínico duplo-cego é quando nem os pacientes, nem quem aplica a intervenção sabem qual grupo recebe a intervenção verdadeira e qual grupo recebe a falsa. Isso ajuda a reduzir ainda mais alguns vieses, como a influência do efeito placebo e do efeito Hawthorne.

Os extratores falsos deveriam ser feitos de materiais comuns (ossos ou madeira) para diferenciá-los da liga metálica condutora de eletricidade. A experiência foi conduzida em 1799 e os pacientes relataram exatamente os mesmos benefícios com extratores falsos ou verdadeiros. Ou seja, não havia influência da teoria pseudocientífica de Perkins na melhora dos pacientes. Haygarth propôs a hipótese de que médicos poderiam persuadir ou convencer pacientes de uma aparente melhora. Mas, ainda assim, o local afetado continuava prejudicado.

Isso destaca um dos perigos potenciais da pseudociência: ela pode induzir à percepção enganosa de melhora, mesmo quando o problema subjacente persiste. No caso dos extratores de Perkins, as pessoas poderiam deixar de buscar um tratamento adequado às suas lesões por estarem se sentindo melhor após a intervenção, agravando seus problemas.

SINAL DE ALERTA: FIQUE ATENTO ÀS CRENÇAS INFALÍVEIS DISFARÇADAS DE CIÊNCIA!

Você já deve ter percebido que abordar a realidade com ceticismo é contraintuitivo e, por isso, requer uma dose considerável de dedicação e esforço. Isso ocorre porque é mais provável e confortável nos apoiarmos em um sistema de crenças próprio e frequentemente infalível do que na análise criteriosa de evidências científicas. Elas são consideradas 'crenças infalíveis' porque não estão sujeitas à refutação por meio de demonstração científica, distanciando-se, assim, do pensamento científico.

Existe uma frase clássica de Carl Sagan, frequentemente repetida, que diz o seguinte: "Eu não quero acreditar. Eu quero saber". Embora a declaração de Sagan seja marcante, pode sugerir erroneamente que a Ciência não se baseia em nenhum tipo de "crença". No entanto, a confiança na ciência é baseada na credibilidade do método científico, que é projetado para testar hipóteses e se aproximar da realidade. Nesse sentido, a "crença" na Ciência e no pensamento científico é justificada por um rigor metodológico e seu caráter falível (passível de ser confrontado, superado), o que a diferencia das crenças infalíveis características das pseudociências. A crença científica é, portanto, sempre provisória e aberta a correções com base em novas informações, enquanto a pseudociência frequentemente se escora em axiomas inquestionáveis e busca confirmar – em vez de refutar – suas próprias premissas.

Para entender o conceito de "crença infalível", podemos olhar para um estudo realizado pelo psicólogo Leon Festinger em 1956, intitulado *When Prophecy Fails* (Quando a profecia falha). Nesse estudo, o pesquisador examinou condições nas quais a "desconfirmação" de uma crença pode, de maneira paradoxal, aumentar a convicção do indivíduo naquilo, ao invés de diminuí-la.

Para colocar isso em prática, Festinger infiltrou-se em um "culto apocalíptico" liderado por Dorothy Martin. Ela afirmava que tinha recebido mensagens de seres superiores, habitantes do planeta "Clarion". As mensagens extraterrestres diziam que um dilúvio iria destruir o mundo em 21 de dezembro de 1954. Festinger, disfarçado no grupo, observou que muitos membros da seita pediram demissão dos seus trabalhos, se afastaram de pessoas que não acreditavam na profecia, doaram o dinheiro que tinham e se desfizeram de suas posses. Tudo isso para se prepararem para o apocalipse alienígena. Segundo Dorothy, os fiéis comprometidos com a profecia seriam salvos no dia do juízo final e resgatados por uma nave extraterrestre durante o dilúvio.

Após meses de preparação, finalmente o dia 21 de dezembro chegou. Os membros do culto se reuniram, esperando ser resgatados. No entanto, não houve sinal de inundações, dilúvios ou naves espaciais alienígenas. Como você imagina que as pessoas desse grupo reagiram?

A ideia mais imediata é pensar que todos ficaram revoltados por terem acreditado em uma ilusão e que devem ter abandonado o culto. Isso de fato aconteceu com algumas pessoas. Mas boa parte dos indivíduos – em especial aqueles mais comprometidos com a profecia – não reagiram dessa forma. Muitos deles começaram a racionalizar e relativizar a situação de modo a sustentar – e até mesmo reforçar – sua crença. Por exemplo: "O dilúvio só não aconteceu porque nós fomos muito fiéis aos seres de Clarion. Dessa forma, eles nos pouparam dessa punição e estão nos dando uma nova chance".

Ou seja, além de não abandonarem a crença, muitos entenderam que foi graças aos seus esforços que a profecia não se realizou. Para eles, não era uma mentira. Era tão verdadeiro que o seu grande comprometimento com a causa foi capaz de mudar o destino do mundo. Esse é um clássico exemplo de uma crença infalível. Não importa o quanto seja confrontada, mesmo com evidências, há sempre uma adequação ou distorção posterior que ajuda a sustentá-la. Como afirmou o filósofo Daniel Dennett, "não há uma maneira agradável de perguntar a alguém: você já considerou a possibilidade de que toda a sua vida foi devotada a uma ilusão?". É extremamente difícil alterar nossas crenças, especialmente após todo o investimento emocional e até mesmo profissional que depositamos nelas, mesmo que sejam ilusões.

As pseudociências são crenças infalíveis disfarçadas de conhecimento científico. Sabemos que, por definição, uma característica fundamental do conhecimento científico é a sua falibilidade. Esse é um dos principais pontos que nos ajudam a identificar pseudociências e distingui-las da Ciência. Nesse sentido, qualquer tipo de profecia ou premonição – como a de Dorothy Martin – se aproxima mais da pseudociência do que da Ciência legítima. "Eu bem que vi que isso ia acontecer". "Eu sonhei que ia dar certo". "Fulano previu isso há milhares de anos".

A resposta para essas afirmações é: "Depois que a onça é morta, todo mundo é caçador", é o que diz o ditado. Em outras palavras, o que mais existe por aí são "profetas do passado". Não é difícil 'prever' o futuro quando o futuro já ocorreu. Olhar para traz e interpretar os fatos de modo a encaixar em alguma profecia ou previsão. Difícil é prever o que vai acontecer antes de algo de fato acontecer.

"Mas uma vez eu sonhei que algo ia acontecer e aconteceu mesmo", você pode argumentar. Desconsiderando a subjetividade interpretativa de um sonho, ou as profecias do passado, que são vagas e poéticas o suficiente para permitir diversas interpretações, devemos lembrar que até mesmo um relógio parado acerta a hora duas vezes ao dia. Mas ele erra em todos os outros momentos. Coincidências acontecem. O reconhecimento de padrões, ou semelhanças de um evento, com algo que lemos ou imaginamos, também. Acertar questões chutando em uma prova é possível. E nada disso faz com que tenhamos poderes sobre-humanos de premonição. Não há estrelas, cartas, dados, bola de cristal ou sussurros de criaturas mágicas capazes de alterar essa realidade. Ou acertamos no chute, ou torcemos a profecia até extrair dela o sumo que se encaixa com nosso acontecimento marcante, assim como os fiéis do culto apocalíptico de Clarion fizeram.

O viés de confirmação é tão forte que, mesmo sabendo da sua existência, não estamos imunes a ele. Uma vaidade tipicamente humana fantasiar que somos escolhidos por alguma entidade sobrenatural para adivinhar o futuro e, ainda assim, sermos incompetentes o bastante para não resolver problema algum – nosso ou dos outros – com essas informações que seriam tão "privilegiadas".

É impossível prever o futuro, mas é possível melhorar bastante nossos palpites sobre ele. Você já aprendeu que, usando o método científico e assumindo a nossa incerteza sobre o que vai acontecer, podemos observar o mundo a nossa volta e testá-lo. Dessa forma extraímos probabilidades que orientam decisões com maiores taxas de sucesso. Embora não possamos prever o futuro, a ciência nos permite fazer estimativas informadas, calculando a probabilidade de estarmos errados. Não precisamos depender de uma energia mística premonitória que só "funciona" retroativamente. Nós desenvolvemos nossa própria ferramenta para isso e só precisamos valorizá-la.

A situação que acabamos de discutir não é muito diferente de outra crença infalível de caráter pseudocientífico: a astrologia. Trata-se de uma doutrina segundo a qual as posições relativas dos corpos celestes poderiam fornecer informações sobre a personalidade individual e as relações humanas. É a mais antiga e popular "teoria" da personalidade humana.

Aprofundando um pouco mais, a astrologia se refere a uma crença que tenta associar o posicionamento das estrelas e dos planetas no momento do nascimento de um indivíduo à forma como sua personalidade é determinada. Sendo assim, segundo seus defensores, seria possível desenhar um mapa astral capaz de revelar a personalidade básica de alguém. Além disso, no decorrer da vida, o posicionamento dos astros continuaria a influenciar as nossas vidas, o que tornaria a astrologia uma ferramenta importante. O seu surgimento há milhares de anos costuma ser o principal argumento para afirmar a sua credibilidade (embora você já saiba, lendo este livro, que o apelo à tradição é uma falácia lógica).

Hoje sabemos que as afirmações da astrologia são implausíveis. Até porque o posicionamento dos astros calculado há milhares de anos não possuía a mesma precisão dos nossos cálculos de hoje em dia. Sendo assim, uma informação ficou faltando: o Sol, em seu "trajeto pelas estrelas", passa por 13 e não pelas 12 constelações astrológicas às quais estamos habituados. Além disso, o eixo de rotação da Terra não aponta sempre para o mesmo lugar. É como se fosse um pião girando. Quando jogado, o seu eixo de rotação vertical aponta para cima. Conforme o tempo passa, o pião começa a balançar, fazendo com que seu eixo de rotação também mude. Como o eixo da Terra é capaz de mudar com a passagem de milhares de anos, as posições relativas das constelações que o Sol passa a ocupar também mudam. Em resumo: uma pessoa que seja de sagitário hoje, nasceu com o Sol em outra posição, que não corresponde à posição designada para a constelação de sagitário há milhares de anos. Ou seja, mesmo que astrologia fosse verdade, pessoas de diferentes séculos ou milênios com o mesmo signo não poderiam ter os mesmos traços de personalidade. Ainda assim, a astrologia continua chegando às suas conclusões baseada nas premissas imprecisas de milhares de anos atrás.

A demonstração de que a astrologia é uma crença infalível pode ser exemplificada na seguinte conversa corriqueira entre duas pessoas:

A: – Você é mais maternal, calma e caseira porque é de câncer.

B: – Mas eu nem quero ser mãe. E adoro festas e viagens.

A: – Mas isso deve ser porque seu ascendente é em sagitário, entende?

B: – Ainda assim não faz sentido para mim, chego a ficar irritada ouvindo isso.

A: – Ficar irritada dessa forma é típico de pessoas como você, que tem a lua em áries.

Ao confrontar uma crença infalível, as respostas dos adeptos do culto aos seres de Clarion e dos seguidores da astrologia são praticamente idênticas. Ambos os grupos reforçam suas crenças, mesmo face a evidências claras em contrário.

Se a teoria que embasa a astrologia já é altamente inconsistente, sua prática não é diferente disso. Estudos sobre astrologia feitos de forma semelhante àquele conduzido pelo médico John Haygarth com os extratores de Perkins têm mostrado repetidamente que não existe associação entre signos e personalidade. Mas, então, o que explicaria o fato de tantas pessoas se identificarem com os signos que lhes são atribuídos?

A resposta está no chamado Efeito Forer (também conhecido como falácia de validação pessoal ou Efeito Barnum). Trata-se da observação de que as pessoas tendem a julgar como corretas as avaliações de suas próprias personalidades que seriam feitas exclusivamente para elas (como um mapa astral personalizado), mas que na verdade são vagas e genéricas o suficiente para gerarem identificação para uma grande quantidade de indivíduos. O nome desse fenômeno foi batizado em homenagem ao seu descobridor, o psicólogo Bertram Forer, em 1948.

Forer entregou a cada um de seus alunos um suposto teste de personalidade. Depois, explicou que cada aluno receberia uma análise única e personalizada, baseada nas respostas ao teste. Após ler a análise, os alunos deveriam avaliar a precisão do resultado em uma escala de 0 (muito ruim) a 5 (muito boa).

O que o psicólogo não contou aos alunos é que isso tudo era mentira. Ele não fez uma análise individual baseado nas respostas dos estudantes. Ao contrário, entregou para todos o mesmo texto:

"Você tem uma necessidade de ser querido e admirado por outros e, mesmo assim, você faz críticas a si mesmo. Você possui certas fraquezas de personalidade, mas, no geral, consegue compensá-las. Você tem uma capacidade latente que ainda não usou a seu favor. Disciplinado e com autocontrole, você tende a se preocupar e ser inseguro por dentro. Às vezes tem dúvidas se tomou a decisão certa ou se fez a coisa certa. Você prefere mudanças e novidades, e fica insatisfeito com restrições e limitações. Você tem orgulho de ser um pensador independente e não aceita as opiniões dos outros sem uma comprovação satisfatória. Mas você descobriu que é melhor não ser tão franco ao falar de si para os outros. Além disso, você é extrovertido e sociável, mas há momentos em que você é introvertido e reservado. Por fim, algumas de suas ambições tendem a fugir da realidade."

Em média, a avaliação dos alunos recebeu nota 4,26. Ou seja, o mesmo texto foi capaz de gerar uma grande identificação pelos diferentes alunos, da mesma forma que as afirmações vagas e genéricas da astrologia são capazes de fazer. Aliás, para montar o texto do seu experimento, Forer usou justamente pedaços de afirmações astrológicas sobre diversos signos. Esse efeito explica um dos motivos da grande aceitação de certas crenças (infalíveis) de caráter pseudocientífico como astrologia, constelação familiar, alguns testes de personalidade etc.

POR QUE ESSA DIVISÃO IMPORTA?

Talvez o maior problema sobre crenças infalíveis disfarçadas de Ciência seja o fato de que crenças geram ações. E ações geram consequências. Os cultistas de Clarion perderam seus empregos e seus bens. Os seguidores da astrologia muitas vezes se esquivam de pessoas ou de oportunidades por se limitarem (e limitarem os outros) aos seus mapas astrais. E as pessoas que aderem a tratamentos pseudocientíficos colocam sua saúde em risco, além do desperdício financeiro. Em escalas maiores, líderes podem tomar decisões para toda uma população, baseados em crenças infalíveis.

Aqueles que irracionalmente acreditam na eficácia de um tratamento pseudocientífico podem defender que a ciência e os estudos clínicos "não conseguem compreender certos fenômenos", insistindo em sua crença. Quem promove tratamentos sem base em evidências, os promovem justamente distorcendo conceitos científicos – voluntariamente ou por ignorância –, criando seus próprios princípios e protocolos infalíveis. São profissionais que, em geral, tem consciência que os cientistas permanecem céticos a esses tratamentos. Por isso, os promotores de tratamentos pseudocientíficos (bem como os astrólogos e videntes) tentam minimizar as críticas científicas ao colocar em xeque a credibilidade da própria Ciência.

Argumentos como "a ciência é preconceituosa com ideias muito diferentes" ou "a Ciência ocidental não pode explicar isso" (erroneamente considerando o método científico como algo exclusivo do Ocidente) são comuns. Esses argumentos, juntamente com a seleção seletiva de artigos ou evidências, confundem pluralidade metodológica com relativismo epistemológico, conforme discutimos no capítulo anterior. Isso apenas destaca ainda mais as diferenças entre Ciência e pseudociência.

Porém, conforme discutimos neste capítulo, definir de maneira categórica uma fronteira nítida entre Ciência e pseudociência para classificar um conjunto de conhecimentos ou uma ampla área de estudo não é algo simples. E, dependendo do caso, pode se tornar um debate infrutífero, uma espécie de disputa vazia e contraproducente que se assemelha a um bate-boca com palavras mais bonitas. "Isso é maravilhoso, é Ciência!", "Isso não presta, é pseudociência!".

Embora este seja um exercício filosófico e reflexivo interessante, devido a toda essa complexidade, pode nos conduzir a um cenário no qual o debate intenso e dicotômico acaba por ocultar os reais problemas nos quais podemos intervir. Sendo assim, talvez possamos direcionar nossos esforços a algo mais pragmático: às práticas pseudocientíficas que oferecem alguma solução ou desfecho, e acabam servindo como base para tomadas de decisões. Nesse contexto, existem ao menos quatro situações que podem dar origem a uma prática pseudocientífica:

1. *Uso de ferramentas essencialmente pseudocientíficas:* Existem áreas de estudo que repetidamente falharam na demonstração científica daquilo que prometem. A homeopatia não possui plausibilidade

nem demonstrou evidências adequadas de eficácia para as doenças e condições de saúde que promete tratar. A astrologia, como vimos neste capítulo, também não possui plausibilidade e nem demonstra evidências que apontem para uma relação causal entre os astros e o comportamento humano. Sendo assim, a prescrição de homeopatia para tratar condições médicas e a venda de mapas astrais para inferência sobre a personalidade e comportamento de uma pessoa constituem práticas pseudocientíficas.

2. *Generalização precipitada da aplicação de uma área de estudo científica:* Algumas áreas científicas de estudo possuem um potencial interessante, mas ainda são preliminares. Por esse motivo, a aplicação prática de seus conhecimentos pode ser precipitada. O estudo do uso medicinal da cannabis é uma área rica e em crescimento. Embora existam condições para as quais a cannabis tem mostrado eficácia, em outras, o entusiasmo pode superar a evidência atual. Por exemplo, há evidência de benefício do uso de canabidiol em síndromes epilépticas refratárias. Porém, atualmente não há evidência adequada que suporte o uso de cannabis para transtornos psiquiátricos. Quando a cannabis é prescrita, precipitadamente, para essa finalidade, estamos diante de uma prática pseudocientífica.
3. *Uso pseudocientífico de ferramentas científicas:* A maior parte dos medicamentos que chegam às prateleiras das farmácias chegaram até ali pois se mostraram cientificamente eficazes para tratar ou prevenir determinadas condições de saúde. Porém, o reposicionamento do seu uso para condições não estudadas pode ser arriscado. Por exemplo, durante emergências de saúde pública, como pandemias, medicamentos previamente aprovados para outras indicações foram promovidos como tratamentos, muitas vezes sem a evidência robusta necessária para apoiar tal uso. Isso pode resultar em práticas pseudocientíficas disseminadas.
4. *Uso inadequado de conhecimentos não científicos:* Quando observamos uma prática cultural ou histórica de um determinado local, que possui sentido em um contexto específico, e generalizamos essa prática em diversos outros contextos, prometendo desfechos específicos, podemos estar diante de uma prática

> pseudocientífica. Por exemplo: povos ancestrais da América do Sul têm utilizado tradicionalmente determinadas plantas de maneira ritualística ou medicinal. Porém, generalizar o uso dessas plantas, descolando-as do seu contexto original, com a promessa de tratar condições de saúde específicas na ausência de evidências adequadas, constitui uma prática pseudocientífica.

Sendo assim, embora a distinção entre Ciência e pseudociência seja complexa e nebulosa, a identificação de práticas pseudocientíficas é um processo mais objetivo e crucial para evitarmos engodos em nosso dia a dia. Para agravar esse cenário, nossa própria linguagem pode ser uma armadilha, criando um terreno fértil para pseudociências prosperarem em nossa sociedade. Mas como exatamente a linguagem influencia nossa percepção do que é científico e do que não é? Prepare-se para uma jornada fascinante pela interseção da linguagem, ciência e práticas pseudocientíficas no próximo capítulo.

A linguagem como obstáculo à compreensão do que é científico

"Não há discurso sem sujeito
e não há sujeito sem ideologia."
Michel Pêcheux

Até o momento, caminhamos em uma jornada de descoberta que buscou desvendar a essência da Ciência, distinguindo-a de outros saberes e percebendo a potência do pensamento científico em nossas decisões cotidianas. Nos aprofundamos no método científico, desvelando como a Ciência obtém, revisa e aprimora seu corpo de conhecimento, ao mesmo tempo que aprendemos a identificar os elementos que aproximam um determinado corpo de conhecimentos da pseudociência.

Nessa trajetória, a linguagem emergiu como uma força vital. Ela foi nossa companheira constante, mediando nossas explorações e discussões. E, como percebemos no capítulo "Lógica como aliada da Ciência", a linguagem possui a capacidade, às vezes enganadora, de criar argumentos sofisticados, manipulando a lógica para persuadir, ainda que seus fundamentos contrariem a luz da Ciência.

A Análise do Discurso nos ensina que a neutralidade é um conceito estrangeiro à língua, conforme ressaltado por Pêcheux na abertura deste capítulo. A linguagem pode ser vista como um sistema de signos arbitrário e convencional, que permite a manipulação do significado de suas palavras. Além disso, a comunicação, facilitada pela linguagem, não é neutra e está intimamente ligada aos processos de poder e dominação. Nossas escolhas de vocabulários e construções de argumentos são carregadas de potenciais intenções, nuances e interpretações, tornando a linguagem menos transparente e objetiva do que pode parecer à primeira vista.

A linguagem é um sistema simbólico cujo sentido é socialmente construído e pode variar dependendo do contexto e das convenções sociais. Uma mesma palavra pode ter significados diferentes, para pessoas diferentes, o que pode gerar descompassos na comunicação e no entendimento da Ciência. Tomemos como exemplo a palavra "eficácia", que usamos para definir se um medicamento é capaz de produzir um determinado efeito. Para um cientista, dizer que um tratamento se mostrou eficaz significa dizer que seu efeito foi superior ao efeito demonstrado em um grupo controle, no contexto de um ensaio clínico randomizado. Algo semelhante ao que discutimos sobre as descobertas de James Lind e John Haygarth. Por outro lado, a percepção popular da palavra *eficácia* diz mais a respeito da sensação subjetiva da experiência do paciente com aquele tratamento. "Eu fiz esse tratamento e me senti melhor, por isso foi eficaz". Assim, quando um cientista diz que um tratamento não possui eficácia (pois não demonstrou efeito superior ao observado em um grupo controle, no contexto de um ensaio clínico), essa informação pode ser mal recebida por uma pessoa que usou esse mesmo tratamento e teve a experiência subjetiva de se sentir melhor.

O mesmo exemplo se aplica à palavra "teoria", que discutimos antes neste livro. Para um cientista, a teoria representa um corpo de conhecimento que foi extensivamente testado e validado. Por outro lado, a concepção popular da palavra *teoria* é muito mais próxima de um palpite ou especulação. Esse fenômeno é conhecido como polissemia, que é a coexistência de vários significados para uma única palavra. Isso é particularmente comum em palavras com significados amplos e que podem ser moldadas pelo contexto cultural e cognitivo do falante. Nessa perspectiva, a Análise do Discurso tem como objetivo promover um entendimento mais crítico e reflexivo de textos e falas, tratando-os como práticas sociais moldadas culturalmente. Assim, a interpretação da linguagem vai além da mera compreensão literal das palavras. É crucial, portanto, considerar o cenário de produção da linguagem, incluindo as posições sociais, políticas e ideológicas do emissor e do receptor.

Em 1973, a pesquisa antropológica de Lévi-Strauss mostrou que a contraposição entre "sol" e "lua", com marcadores de gênero masculino e feminino respectivamente, estava vinculada a mitos e crenças dos povos americanos, associando preconceitos do que era masculino e feminino aos astros. Entretanto, observou-se que outras culturas e línguas ou não distinguiam "sol" e "lua", ou não empregavam a mesma marcação de gênero. Compreender a cultura em questão, incluindo os costumes, crenças e estilo de vida de um povo, é essencial para analisar as escolhas lexicais de cada idioma.

Desses estudos, surgiram a Teoria da Relatividade Linguística e a hipótese de Sapir-Whorf, que argumentam que a língua afeta como os falantes percebem e entendem o mundo, e vice-versa. Esses conceitos foram fundamentais para entender a conexão entre linguagem e cultura. No entanto, essa relação não pode ser reduzida a uma mera causa e efeito, uma vez que a linguagem não é exclusivamente determinada pela cultura, mas sim resultado de um processo complexo que inclui fatores biológicos e cognitivos. Dessa forma, a linguagem não determina, mas sim tem influência sobre a percepção de mundo dos indivíduos. Analogamente, mesmo não representando a totalidade da cultura, a linguagem é um importante indicador dela e é influenciada por ela. Logo, a relação entre linguagem e cultura é multifacetada e recíproca e necessita de uma abordagem compreensiva e interdisciplinar para seu entendimento.

Se os aspectos culturais, costumes, estilos de vida, crenças e todas as características que compõem uma sociedade impactam a construção da língua dessa população, é de se esperar que em uma sociedade na qual a ciência e o pensamento científico são desvalorizados ou ignorados haja reflexos disso na linguagem. Como resultado, poderíamos observar um aumento no uso de termos pseudocientíficos ou uma mudança na conotação de termos científicos para refletir essa desvalorização. E, como a língua está sempre em evolução e é modificada por seus falantes, argumentos, termos, jargões, assim como sufixos e prefixos, podem adquirir novos significados, complementando ou alterando o seu sentido original. Essas mudanças na linguagem podem, por sua vez, reforçar e perpetuar atitudes sociais em relação à ciência, criando um ciclo de retroalimentação.

LINGUAGEM E PRÁTICAS PSEUDOCIENTÍFICAS

A linguagem pode ser empregada como uma tática para conferir a práticas pseudocientíficas uma aparência de legitimidade. Frequentemente, tais práticas recorrem ao uso de falácias lógicas, argumentos emocionais, apelos a autoridades e seleções lexicais específicas para comunicarem uma falsa sensação de credibilidade. Isso não chega a ser algo surpreendente, afinal, são os próprios usuários da língua que criam, propagam e implementam as formas linguísticas. Dessa forma, as mudanças linguísticas não necessariamente seguem um sentido lógico formal ou se alinham ao método científico.

No entanto, mesmo que a maioria das alterações na língua ocorra de forma orgânica, é crucial reconhecer que o vínculo entre linguagem e ideologia é sólido e importante para entender o papel da linguagem na manifestação e perpetuação de uma ideologia. A seleção de palavras, estruturas e contextos usados na comunicação pode espelhar as convicções e posicionamentos ideológicos do falante. Nessa perspectiva, a linguagem serve como um meio para expressar ideias e valores, e seu uso pode estar alinhado com uma visão de mundo específica, que não é necessariamente coerente com a lógica científica. Entender essa interação entre linguagem e ideologia é essencial para avaliar de maneira crítica as ideias que nos são apresentadas e para compreender as mensagens veiculadas através da linguagem.

Para exemplificar a influência da linguagem na percepção da credibilidade relacionada a práticas pseudocientíficas, vamos nos concentrar em um aspecto que parece simples e específico: a utilização de sufixos e prefixos (também chamados de afixos). O estruturalismo, um movimento linguístico que emergiu no final do século XIX e início do século XX, propõe que cada palavra é divisível em seus elementos constitutivos. Tal análise facilita a compreensão da formação de novas palavras através da adição de prefixos e sufixos, e permite que os falantes de um idioma tenham intuições sobre as regras formacionais relacionadas aos afixos, mesmo sem um estudo formal do idioma ou de suas construções linguísticas. É relevante enfatizar que o significado original de uma palavra pode ser substancialmente diferente do momento em que foi criada, como, por exemplo, o sufixo -inho, que em português indica diminutivo, mas que em latim, *-inus*, era um formador de adjetivos sem a ideia de redução. Essas concepções são fundamentais não somente para a compreensão do idioma, mas também para entender como a linguagem é empregada em práticas pseudocientíficas, que muitas vezes lançam mão de neologismos formados pela adição de afixos para forjar uma aparência de autenticidade científica.

Tomemos, por exemplo, o sufixo -logia, derivado do grego *logos*, que originalmente significava narrativa, discurso lógico ou racional. Através de processos históricos e culturais, hoje é amplamente utilizado para se referir a um estudo ou teoria sistemática de uma determinada área do conhecimento científico, como Biologia, Psicologia, Sociologia, Cardiologia, Neurologia, Hematologia, entre outros. No entanto, esse sufixo também passou a ser usado em neologismos para descrever práticas pseudocientíficas, tais como: ufologia, parapsicologia, numerologia, criptozoologia, astrologia, iridologia, entre outras.

Cabe ressaltar que o sufixo -logia, por si só, não determina a natureza de um campo de estudo. Uma área é considerada científica não porque apresenta esse sufixo, mas porque emprega métodos sistemáticos e transparentes e procura explicar fenômenos com base em teorias que são testadas empiricamente sempre que possível. No entanto, como discutido anteriormente, as pessoas geralmente têm uma noção intuitiva de como as palavras são formadas e do que significam, mesmo sem um estudo formal de linguística ou epistemologia. Nesse contexto, práticas pseudocientíficas podem se beneficiar (intencionalmente ou não) da aparente legitimidade científica atribuída pela percepção etimológica popular do sufixo -logia.

Entre esses termos, possivelmente o mais antigo e difundido seja "astrologia", discutida no capítulo anterior. A astrologia, originalmente, fazia alusão ao estudo da correlação entre o movimento dos astros e seu impacto sobre as colheitas e a vida humana, em uma época em que a pessoa que navegava os mares usando as estrelas como guia também fazia possíveis prognósticos sobre o futuro com base nos astros. A distinção entre conhecimento científico e outros saberes era ainda mais difusa do que atualmente. Por outro lado, a Astronomia, a ciência que define as leis e teorias dos fenômenos naturais e que está mais alinhada com o uso moderno do sufixo -logia, só foi reconhecida como uma Ciência no século XVII, quando seus métodos e áreas de estudo se tornaram claramente definidos. Levando em conta os aspectos etimológicos, poderíamos conjecturar que, após a separação entre astrologia e Astronomia, seria teoricamente viável substituir os sufixos utilizados.

A astrologia que conhecemos atualmente poderia ser rebatizada como Astromancia, dado que o sufixo -mancia deriva de "*manteia*", imprimindo a ideia de profecia, adivinhação e superstição (como observamos nas palavras cartomancia e quiromancia, por exemplo). E a Astronomia contemporânea poderia ser nomeada Astrologia (obedecendo a mesma lógica de significado de áreas de estudos científicos como Biologia e Neurologia). Contudo, encontraríamos dois principais obstáculos: 1) os proponentes da astrologia como "campo científico" não acatariam o sufixo -mancia, que ressaltaria a ideia de que a crença de signos governando nossas vidas e personalidades se resume a superstição e 2) mudanças linguísticas não podem ser impostas de maneira arbitrária, sob o risco de não serem, de fato, acatadas pelos usuários. Nesse caso, é crucial notar que a escolha dos sufixos empregados em astrologia e Astronomia refletiu aspectos históricos, culturais e epistemológicos ligados à observação dos astros.

Entretanto, existem empregos de afixos mais arbitrários, como no caso do neuro feng shui, que faz uso do prefixo "neuro-" presente em termos como Neurologia e Neurociências. Estes referem-se, respectivamente, ao estudo do sistema nervoso e suas funções e à especialidade médica que proporciona diagnóstico e tratamento para doenças que comprometem o sistema nervoso. Por outro lado, o feng shui é uma prática chinesa que, sem comprovação científica, afirma que a organização de móveis e objetos numa casa pode equilibrar "forças energéticas" e afetar a saúde mental de uma pessoa. A criação do termo *neuro feng shui* constitui uma tentativa arbitrária de conferir legitimidade científica na esfera das neurociências a uma prática pseudocientífica.

Outras práticas empregam o sufixo "-terapia", conferindo aparência de eficácia terapêutica, mesmo na ausência de comprovação científica dessa eficácia. É o caso da magnetoterapia, cristaloterapia e ozonioterapia, bem como outras palavras que se valem de uma lógica estruturalista similar, como é o caso da momeopatia. Por último, o desvio de termos oriundos da Física e da Química para atribuir autoridade a áreas da saúde sem evidências adequadas também é comum, tal como se observa nos tratamentos denominados como "quânticos" ou "ortomoleculares".

Podemos concluir que palavras e afixos utilizados na linguagem científica não possuem definições inquestionáveis, mas, sim, estão sujeitos a interpretações diversas e contraditórias. Destaca-se, então, que a linguagem é mais do que um mero veículo de comunicação, é também uma ferramenta crucial na construção e negociação de valores e significados em uma sociedade. A linguagem, como espelho dessa sociedade, pode restringir nossa capacidade de tomar decisões racionais em relação à saúde, na medida em que a falta de educação científica nos torna vulneráveis às pseudociências. Nesse contexto, práticas pseudocientíficas têm um terreno fértil para se proliferarem, ganhando destaque e credibilidade em nossa língua, o que, por sua vez, pode prejudicar a compreensão e valorização do conhecimento científico e de posturas negacionistas.

Devemos, portanto, ficar atentos, pois o negacionismo científico às vezes é tão escancarado e caricatural quanto a "teoria da Terra Plana", mas em outras vezes é tão sutil quanto uma escolha elegante de palavras. Tão sutil quanto um delicado véu que camufla uma ilusão no mundo real. E é esse negacionismo que será nosso foco no capítulo seguinte.

Capítulo elaborado em coautoria com a professora Bruna Stievano Bacchi, graduada em Letras pela Universidade Estadual de Londrina, mestra e doutoranda em Estudos da Linguagem pela Universidade Federal de Mato Grosso.

Ceticismo é diferente de negacionismo

"No cerne da Ciência está um equilíbrio essencial entre duas atitudes aparentemente contraditórias: de um lado, a abertura a novas ideias, mesmo contrariando nossa intuição; e, do outro, o exame implacavelmente cético de todas as ideias, velhas e novas. É dessa forma que distinguimos verdades profundas de tolices profundas."

Carl Sagan

"Não mate o mensageiro", é o que diz o provérbio em latim *Ne nuntium necare*. Sua origem exata é incerta, mas ele se refere a líderes tiranos que matavam as pessoas que lhes traziam notícias ruins. Por exemplo, é dito que Dario III, rei da Pérsia, mandou matar o mensageiro que o informou sobre a morte de seus guerreiros pelo exército de Alexandre, o Grande. Gengis Khan e outros imperadores e reis de tempos remotos também fizeram isso ou, ao menos, cortaram a língua daqueles que trouxeram mensagens que contradiziam suas expectativas.

Dario III, Gengis Kahn e outros líderes que agiam dessa forma não estavam sendo céticos em relação ao conteúdo da mensagem. Afinal, não era uma análise racional ou uma dúvida legítima que motivava a busca por evidências sobre o que foi dito. Era simplesmente uma forma de negar a realidade que se impunha naquele momento, apesar das evidências que a corroboravam. Ou seja, não estavam sendo céticos, mas sim negacionistas.

Ceticismo é diferente de negacionismo. Ao longo deste livro percebemos que a dúvida e a postura cética são os principais combustíveis para mover as engrenagens do método científico. Ceticismo é pensar que aquilo que outra pessoa diz ou afirma pode não ser necessariamente verdade. Por isso é necessário investigar. Assim, ceticismo não é rejeitar aquilo que você não quer que seja verdade. Fazer isso é matar o mensageiro.

Um cético questiona sempre, mas é capaz de reconhecer quando uma evidência válida se apresenta. Nesse contexto, o ceticismo mais importante é em relação àquilo que nós mesmos achamos que seja verdade ou que queremos que seja verdade (ou ao que duvidamos ser verdade ou não queremos que seja verdade). Suponha que você leia a seguinte frase, em um site: "Esse cristal cura doenças com suas vibrações energéticas".

O que você acha dessa afirmação? Pode ser uma atitude preguiçosa concordar ou discordar imediatamente dela. Devemos fazer perguntas a quem afirma ou a nós mesmos (caso já tenhamos uma crença prévia sobre o assunto): "Do que é feito esse cristal?", "Em qual frequência ele vibra?", "Como ele é capaz de vibrar?", "Existe qualquer relação entre vibrações e doenças?", "Em quais situações e para quais doenças ele foi testado?", "Se foi testado, como foram conduzidos esses testes?", "Você poderia me mostrar esses resultados?", e assim por diante.

A melhor parte do ceticismo é que ele pode ser aprendido e treinado, embora não seja uma forma natural de pensar. Sem a prática do ceticismo, especialmente quando confrontados com informações que confirmam nossas crenças preexistentes, nos tornamos mais susceptíveis às pseudociências, a crenças dogmáticas e ao negacionismo.

O ceticismo representa uma abordagem saudável e intelectualmente estimulante para questionar o universo, enquanto o negacionismo frequentemente envolve a decisão deliberada de negar a realidade para evitar o confronto com uma verdade incômoda. É caracterizado pela rejeição de evidências que foram verificadas empiricamente. O negacionismo atua rejeitando inclusive conceitos básicos, bem estabelecidos e apoiados por um consenso científico. Isso é feito, em geral, acompanhado do enaltecimento de ideias controversas e sem embasamento em evidências. Ou seja, ao negar a Ciência e a realidade, abre-se espaço para o crescimento daquilo que é pseudocientífico. Ou ainda pior: para fazer algo pseudocientífico ter mais credibilidade, nega-se aquilo que é científico, conforme discutimos no capítulo passado.

Essa é uma forma de pensar que se desvia do ceticismo e atinge a falácia da incredulidade pessoal que debatemos no capítulo "Lógica como aliada da Ciência". Portanto, o negacionismo deriva, ao menos em parte, da ignorância. "É impossível imaginar que o homem pisou na Lua, então isso nunca aconteceu", "Não consigo conceber o fato de que a evolução pela seleção natural foi um processo aleatório, por isso a teoria da evolução está errada", "Quando eu olho para o horizonte, eu vejo uma linha reta, por isso a Terra é plana" e assim por diante. Em resumo, a incapacidade de entender ou imaginar algo pode levar uma pessoa a acreditar que aquilo seja falso.

Além disso, a manutenção de uma postura negacionista não se relaciona apenas com a falta de conhecimento do indivíduo sobre um determinado assunto, mas também com o receio de ter que assumir as consequências que derivam das evidências. Em outras palavras, aceitar a evidência científica de algo torna necessário agir de acordo com essa evidência. Por exemplo, ao aceitar as evidências científicas que revelaram a covid-19 como uma pandemia grave, tornou-se necessário cumprir regras rígidas de isolamento, uso de máscaras, vacinação, distanciamento social etc. Se uma pessoa não quer se submeter a essas consequências, o caminho mais rápido é negar a realidade. Se eu não aceito que a covid-19 seja uma pandemia grave, então não preciso tomar nenhuma dessas atitudes.

É necessário ressaltar, contudo, que ao negar a Ciência, estamos negando a leitura mais próxima da realidade que temos até o momento. Com isso, ilusoriamente podemos abrir mão das consequências imediatas da aceitação daquelas evidências, mas não temos como escapar das consequências impostas pela realidade. E essas consequências são mais preocupantes. Assim, voltemos ao exemplo da gravidade que foi dado anteriormente neste livro: ao negar a existência da gravidade, pode-se achar que não precisamos lidar com suas implicações. Portando, você pode pular de uma janela tranquilamente, acreditando que irá flutuar. Mas, ainda assim, a própria realidade irá impor suas consequências: você vai cair. Enfrentar a consequência da queda é muito pior do que aceitar a evidência da gravidade e agir cautelosamente de acordo com ela, permanecendo em segurança.

Isso pode ser suficientemente preocupante do ponto de vista individual, mas ganha proporções continentais quando esse tipo de pensamento recebe apoio político. Dessa forma, governos podem agir de maneira negacionista para tentar evitar as consequências imediatas da aceitação da realidade, provocando consequências negativas reais a toda a população. Por exemplo, ao não comprar vacinas durante uma pandemia por minimizar as evidências sobre a gravidade de um vírus, a realidade impõe como consequência o maior número de óbitos de pessoas desprotegidas.

As evidências científicas são, portanto, os mensageiros da realidade. Elas podem nos dizer coisas que não queremos ouvir e nos obrigar a tomar atitudes desconfortáveis, mas ainda assim estão apenas transmitindo uma mensagem que não deve ser ignorada, sob risco de consequências piores. Por isso, não mate o mensageiro.

UM NEGACIONISTA NÃO É DECLARADAMENTE CONTRA A CIÊNCIA

Você é contra a Ciência? É bem provável que, se você comprou este livro e se interessou pela leitura dele até aqui, você seja a favor dela. Mesmo que faça essa pergunta para qualquer outra pessoa do seu convívio, há uma grande chance de ela responder que obviamente é a favor da Ciência, ainda que ela não conheça o pensamento científico. Isso ocorre porque a Ciência é vista como algo prestigioso em nossa sociedade utilitarista. Nós reconhecemos que o smartphone que usamos, os remédios que tomamos, as cirurgias que fazemos etc. são produtos da Ciência. Dessa forma, não é uma atitude vista com bons olhos negá-la declaradamente assim, em plena luz do dia. Somos ensinados desde pequenos que a Ciência é uma coisa legal.

De fato, é muito raro que uma pessoa afirme com todas as letras que é contra a Ciência. Mas, ainda assim, o que não falta no mundo são atitudes negacionistas e anticientíficas. A conta, portanto, não fecha. Isso significa que muitas pessoas que dizem apoiar a Ciência têm, na verdade, atitudes negacionistas. Em geral, esses indivíduos não podem simplesmente sair gritando: "eu sou contra a Ciência!". É necessário se expressar de uma maneira mais sutil: "eu sou a favor da Ciência, mas...", e depois desse "mas" inserem-se diferentes manobras de negação da Ciência.

Ou seja, existem recursos mais sutis para se negar o conhecimento científico do que simplesmente negar a Ciência abertamente. A maioria desses recursos você já estudou neste livro. Na figura a seguir, adaptada da versão produzida por John Cook para o site *Skeptical Science*, tentei resumir e contextualizar essas manobras no âmbito do negacionismo:

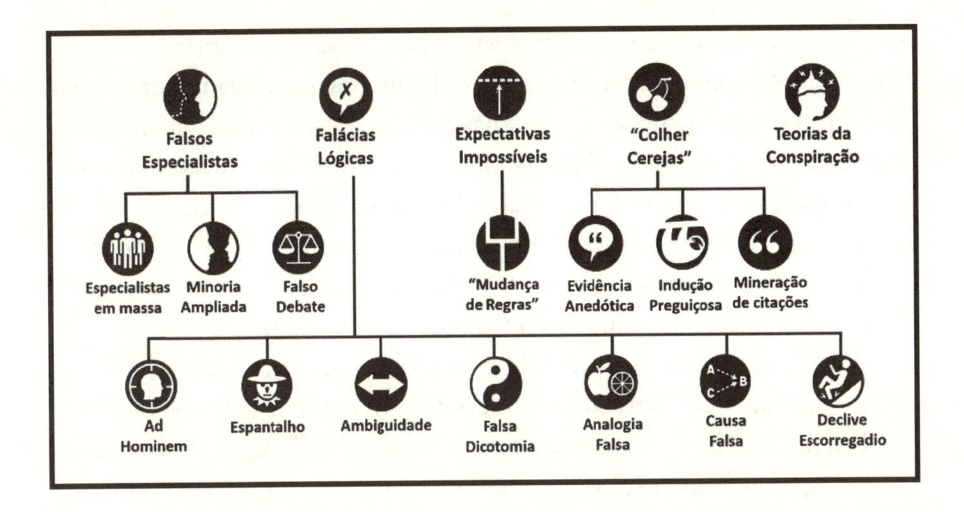

Podemos dividir as técnicas de negação da Ciência em cinco grandes grupos (que estão na primeira linha da figura): falsos especialistas; falácias lógicas; expectativas impossíveis; "colher cerejas"; e teorias da conspiração. Cada categoria pode ainda sofrer subdivisões, sendo as principais delas apresentadas aqui. Esses são elementos recorrentes em argumentos anticientíficos. Sendo assim, reconhecê-los é um passo fundamental para identificarmos argumentos anticientíficos e nos defendermos deles. Colocado de outra forma: conhecer as táticas utilizadas pelos negacionistas é uma importante ferramenta para identificar e refutar os seus discursos falaciosos.

A primeira manobra da figura diz respeito aos "falsos especialistas". Conforme já estudamos aqui, o argumento de autoridade é uma falácia lógica, pois se utiliza apenas da credibilidade de uma pessoa para conferir validade a um argumento, sem analisá-lo racionalmente. Essa confiança exagerada em especialistas já é perigosa por si só, mas se torna ainda mais arriscada se dirigida a um falso especialista. Um falso especialista pode ser desde alguém que apenas finge entender de um assunto, como, por exemplo, um vencedor do prêmio Nobel em Física dando opiniões incisivas sobre a área da Saúde. Neste último caso, embora seja alguém com muita credibilidade, a pessoa está emitindo opiniões sobre uma área que não é a sua especialidade.

Variações dessa manobra podem englobar a citação de "especialistas em massa", ou seja, cita-se a opinião de um grande número de "especialistas", de modo a tentar demonstrar que não existe um consenso científico sobre um determinado tópico. Por exemplo: "Um grupo de 2.500 médicos brasileiros assinou um documento contrário à vacinação". Essa é uma forma de tentar colocar em dúvida o consenso científico de que vacinas salvam vidas. Nesse caso, é importante lembrar que pessoas podem ser enviesadas. E um grupo de pessoas enviesadas pode dar origem a argumentos ainda mais enviesados.

Outra possibilidade é a chamada "minoria ampliada". Trata-se da situação na qual enfatizamos muito um ou alguns indivíduos dissidentes, fazendo-os parecer mais importantes do que realmente são, de modo a plantar dúvidas sobre um determinado conhecimento científico. Por exemplo: "Existe um consenso de que vacinas salvam vidas, mas o Dr. Fulano, formado em Harvard e com doutorado na França, discorda disso".

Por fim, ainda neste tópico, temos o "falso debate". Quando colocamos Ciência e pseudociência lado a lado em uma discussão, transmite-se a impressão de que as duas informações possuem o mesmo peso e que vencerá o debate aquele que convencer a população com os melhores argumentos. Porém, já sabemos que Ciência não é uma questão de opinião subjetiva ou de vitória/derrota em uma disputa. Ciência é uma busca constante para se aproximar cada vez mais da realidade. Nesse contexto, vencer um debate não irá mudar o curso daquilo que é real. Por esse motivo, certos debates funcionam apenas como armadilhas que acabam valorizando e dando voz ao negacionismo. Por exemplo: um debate entre um astrônomo (que obviamente sabe que a Terra é geoide) e um terraplanista é um falso debate. Afinal de contas, cientificamente já sabemos que a terra é geoide e não faz mais sentido discutir se ela é plana ou não.

Portanto, abrir esse tipo de debate costuma servir apenas para dar palco para a desinformação e o negacionismo. O mesmo vale para outros falsos debates, tais quais: "vacinação x antivax", "evolução x *design* inteligente", "homeopatia x medicamentos convencionais", debates sobre aquecimento global etc. São todos debates infrutíferos, para os quais já existe um consenso científico sólido. Colocar esses conceitos lado a lado para um debate "justo" é, paradoxalmente, uma maneira injusta de se equiparar conhecimentos científicos sólidos com informações pseudocientíficas frágeis.

A segunda manobra se trata do uso de falácias lógicas como estratégia de negação da Ciência. As falácias lógicas são componentes muito presentes nos discursos negacionistas, uma vez que soam convincentes aos ouvidos menos treinados. Felizmente, esse não é mais o nosso caso, pois passamos um capítulo inteiro deste livro discutindo extensivamente esse assunto. Portanto, não precisamos nos ater de maneira específica aqui. As principais falácias lógicas utilizadas no contexto do negacionismo estão ilustradas na figura anterior e você pode relembrar suas explicações e exemplos, a qualquer momento, retornando ao capítulo "Lógica como aliada da Ciência".

A terceira estratégia são as expectativas impossíveis. Isso significa estabelecer padrões inatingíveis de confiança. Discutimos sobre esse assunto quando falamos que a certeza não existe, anteriormente. Um comentário do tipo "Eu sou a favor da Ciência, mas... eu só vou me vacinar se a vacina tiver 100% de eficácia" é uma forma de negar a Ciência estabelecendo uma exigência inatingível no mundo real.

Uma variação dessa estratégia é a "mudança de regras", que faz com que a cada momento novas exigências sejam estabelecidas. Por exemplo: "Eu só irei me vacinar após testes em um grande número de pessoas, sem efeitos colaterais graves". Vamos supor que os testes sejam feitos em muitas pessoas e que não houve efeitos colaterais graves. Isso deveria ser suficiente para atender à exigência colocada anteriormente. Porém, diante disso e sem argumentos, a pessoa muda o discurso: "Mas, além disso, são necessários pelo menos cinco anos para uma vacina ser considerada segura". Ou seja, as exigências e os critérios vão sendo incrementados à medida que os critérios anteriores vão sendo atendidos. Esse é um comportamento insaciável, pois o objetivo principal nunca foi analisar as evidências solicitadas, mas, sim, negar intencionalmente a Ciência. Tivemos uma discussão nesse sentido quando abordamos as crenças infalíveis no capítulo passado.

Como quarta manobra, temos a "colheita de cerejas" (do termo em inglês *cherry picking*). Essa prática possui estreita ligação com o viés de confirmação. Trata-se da seleção apenas das evidências científicas capazes de sustentar um determinado argumento, ainda que falso, ignorando o restante do ecossistema científico. Escolhe-se a dedo quais informações serão apresentadas, deixando de lado aquelas que contradizem uma determinada crença. Aos olhos do público, pode parecer que as únicas evidências disponíveis são aquelas que foram apresentadas, quando na verdade existe um vasto corpo de evidências que foi omitido propositalmente. Por isso o nome "colher cerejas": colhem-se apenas as "cerejas" mais bonitas, que serão exibidas, como se não existissem cerejas feias ou estragadas na árvore. Uma variação dessa estratégia é o uso da "evidência anedótica", ou seja, o uso do relato da experiência pessoal como se fosse uma evidência científica. Contudo, já sabemos que essa estratégia é completamente inadequada.

Além disso, a prática do *cherry picking* engloba ainda outras duas variações: a "indução preguiçosa" e a "mineração de citações". A indução preguiçosa ocorre quando ignoramos boa parte da evidência disponível apenas por uma conclusão baseada na nossa própria observação do mundo. É uma indução preguiçosa pois estamos tirando conclusões precipitadas sobre as nossas próprias observações, em vez de estudar mais a respeito do assunto (fazendo um mau uso do método indutivo). Já a mineração de citações consiste na prática de descontextualizar citações de alguém na tentativa de provar um ponto. O termo "mineração" é utilizado pois há um empenho em extrair diversas citações do seu contexto original para então usá-las como prova de um determinado argumento, em um contexto diferente.

Por fim, negacionistas da ciência costumam empregar as "teorias da conspiração" como uma de suas manobras mais convincentes: "Os cientistas são pagos pela indústria farmacêutica para defender as vacinas", "A ciência não quer que a cura do câncer seja encontrada porque querem vender remédios", e assim por diante. Essas são ideias conspiratórias que se espalham como forma de minar e colocar em xeque a confiança na Ciência, ao mesmo tempo em que apela-se ao medo da população, dificultando uma análise mais racional sobre os demais argumentos utilizados. Esse é um tópico importante que ainda não exploramos devidamente nesta obra e, por isso, falaremos mais sobre as teorias da conspiração – juntamente com as *fake news* – no próximo capítulo.

Em suma, conhecer as manobras de negação da Ciência é fundamental para o bom exercício do ceticismo científico. Mas devemos tomar um cuidado especial: saber de tudo isso não nos torna automaticamente imunes ao negacionismo. O ceticismo científico não é um ponto de chegada. Não é algo que se conquista permanentemente, tornando-nos blindados a crenças infalíveis e vieses. Como você já foi capaz de perceber até aqui, a racionalidade científica é um caminho tortuoso e permanente, fácil de se desviar. Infelizmente, nem todos estão dispostos a percorrê-lo, ainda mais sem avistar uma linha de chegada. Mas a sensação de estar o mais próximo possível da realidade e poder tomar boas decisões, mesmo em meio às incertezas, é sem dúvida recompensadora.

Fake news e a pandemia da desinformação

"O problema de afirmações sem evidências (como as fake news) que ficam sendo repetidas incessantemente por pessoas influentes é que elas se tornam um padrão quase rítmico aos ouvidos, até que você se acostuma a essa musicalidade e, sem perceber, estará dançando ao som de uma nova ilusão."

Autoria própria

Os números são espantosos: o DHMO foi encontrado em pelo menos 95% de todos os cânceres cervicais e em mais de 85% de todos os cânceres diagnosticados em pacientes terminais. Apesar disso, o composto continua sendo utilizado massivamente.

A sua utilização é extremamente ampla:

- É usado como solvente industrial;
- Substância para resfriamento de máquinas;
- Utilizado para manufatura de armas químicas e biológicas;
- Possui utilidade em usinas nucleares.

E essas são só algumas das suas utilizações. Além disso, é frequente o seu consumo em altas doses por atletas de elite em provas de resistência. A retirada do DHMO por esses atletas costuma ser difícil e, algumas vezes, fatal.

Uma das razões para o DHMO ser tão perigoso é justamente a sua versatilidade: no estado sólido pode provocar graves queimaduras, enquanto milhares morrem todos os anos com concentrações de DHMO líquido nos pulmões.

Substância perigosa, não?

Na verdade, essa é uma adaptação de um texto do jornalista Karl Kruszelnicki sobre o "monóxido de di-hidrogênio", conhecido como H_2O, ou simplesmente "água", para os mais íntimos. A água é fundamental para a manutenção da vida, mas descontextualizando informações, apelando para o medo e usando alguns termos técnicos, Kruszelnicki foi capaz de criar uma notícia assustadora que certamente circularia com rapidez pelo WhatsApp.

Nas palavras do próprio jornalista: "É possível transmitir essa informação absolutamente precisa (porém carregada de emoção e sensacionalismo) a respeito da água. Se você fizer uma sondagem entre as pessoas, cerca de 3/4 delas participariam de um abaixo-assinado exigindo sua proibição". Se a distorção de fatos verdadeiros pode causar tal confusão, o impacto de informações falsas é potencialmente ainda mais destrutivo.

Fake news (termo em inglês para se referir a notícias falsas) são uma forma de distribuição deliberada de conteúdos imprecisos, enganosos ou fraudulentos. É um termo relativamente novo para falar sobre uma prática antiga, afinal, o compartilhamento de informações falsas acontece desde a existência da própria comunicação humana. Porém, esse fenômeno ganhou mais importância com o surgimento da imprensa e, mais recentemente, uma projeção dinâmica e global com o advento das redes sociais. Até mesmo em casos nos quais a informação falsa é veiculada por erro involuntário ou com objetivos humorísticos, pode despertar no receptor uma reação negativa.

As notícias falsas tendem a distorcer a nossa percepção da realidade e podem criar uma realidade artificial capaz de induzir o receptor da mensagem a assumir um ponto de vista que contradiz os fatos. Em outras palavras, se algo é repetido ininterruptamente para nós, sem apresentação de evidências sólidas que corroborem essa afirmação, é porque muito provavelmente querem que acreditemos em algo sem uma análise crítica. Isso faz parte do processo de nos alienar da realidade testável para que não possamos mais invalidar aquilo que foi dito.

NÃO HÁ REVERSÃO COMPLETA DO IMPACTO DE UMA NOTÍCIA FALSA

Um dos maiores problemas da veiculação de uma notícia falsa é que, mesmo que uma informação posterior tenha desmascarado a mentira, apenas uma parte das pessoas que entrou em contato com a notícia original toma conhecimento da sua falsidade. E, dessas pessoas, nem todas são capazes de se desprender do impacto causado por aquela notícia. Ou seja, não há uma reversão completa.

"A saga dos círculos nas plantações demonstra como são modestas nossas expectativas sobre os alienígenas", afirmou Carl Sagan no livro *O mundo assombrado pelos demônios*. Sabe aqueles desenhos nas plantações que são atribuídos aos ETs? Pois bem, em meados dos anos 1970, fazendeiros começaram a observar círculos e, posteriormente, desenhos mais complexos gravados sobre campos de trigo, aveia e outros cereais. O fenômeno misterioso começou na Inglaterra e depois se espalhou pela Europa e pelo mundo. Em vez de seguirmos o princípio de Occam e pensarmos na hipótese mais provável de ser uma possível fraude, começou-se a cogitar todo tipo de causa. Até mesmo certos fenômenos meteorológicos foram cogitados como responsáveis.

Mas a resposta mais frequente e popular era a de que se tratavam obviamente de extraterrestres tentando se comunicar conosco por meio de formas geométricas gigantes em plantações. Não houve evidência alguma de discos voadores pousando ou alienígenas fazendo alguma arte nos campos de trigo. Mas ainda assim atribuímos a causa aos ETs.

Enquanto os "estudiosos" debatiam sobre o tema, Doug Bower e Dave Chorley se divertiam. Em 1991, a dupla de amigos admitiu que vinham fazendo esses desenhos por cerca de 15 anos. Tiveram essa ideia em um local propício: tomando cerveja em um bar. Fizeram isso porque achavam engraçadas as notícias sobre OVNIs e o fascínio das pessoas por eles. Como os amigos eram também artistas, aos poucos foram tornando mais complexas as figuras. Conforme a mídia anunciava: "Essas figuras são complexas demais para terem sido feitas pela inteligência humana", mais se divertiam e tornavam a coisa mais elaborada.

Com o tempo, tal qual os memes da internet, surgiram imitadores fazendo isso em regiões adjacentes. Os círculos em plantações evoluíram para um fenômeno internacional, e até mesmo no Brasil houve relatos, especialmente em plantações da região Sul do país.

Quando se cansaram da brincadeira, na casa dos 60 anos de idade, a dupla confessou o ocorrido. Demonstraram exatamente como faziam até mesmo as figuras mais complexas. Após uma confissão dessas, esperaríamos que nunca mais alguém falasse que são extraterrestres que fazem desenhos em plantações. E talvez isso fosse uma bela lição para pensarmos primeiro nas hipóteses mais prováveis, ao invés das mais extraordinárias. Mas a mídia deu pouca atenção a isso. Eu aposto que você já conhecia a "possível ligação" entre desenhos malucos nas plantações e visitas extraterrestres. Mas talvez não soubesse que foram Bower e Chorley os criadores dessa brincadeira.

Esse episódio não é diferente do exemplo que demos sobre o médico Andrew Wakefield e seu artigo falso que afirmava que a vacina tríplice viral poderia causar autismo. O impacto foi tão grande que mesmo após o artigo ser removido por fraude, e outras evidências demonstrarem que essa relação não existe, continuou-se alimentando o mito de que vacinas seriam capazes de causar diversos tipos de alterações. Para justificar o motivo de um efeito colateral que sequer existe, buscaram-se culpados, como o timerosal (composto metálico à base de mercúrio orgânico usado como conservante em algumas vacinas multidoses) ou o alumínio. E até mesmo hoje em dia esse tipo de notícia falsa continua circulando. Por exemplo, durante a pandemia da covid-19, foi veiculada massivamente a notícia de que a vacina Coronavac continha alumínio e que isso seria capaz de provocar diversos malefícios, incluindo a doença de Alzheimer. Até mesmo alguns médicos e profissionais de saúde reforçaram esse tipo de informação.

Mas poucas pessoas se preocuparam em analisar a situação racionalmente, embasados pelas evidências científicas. Nesse caso, por exemplo, um adulto ingere em média cerca de 9 mg de alumínio por dia. Esse consumo pode ser maior, dependendo do tipo de alimento consumido. Alguns tipos de queijo processado podem conter até 50 mg de alumínio por fatia. Antiácidos que são utilizados há muito tempo contêm quantidades muito maiores que isso, na forma de hidróxido de alumínio (mesma forma encontrada nas vacinas). E o hidróxido de alumínio contido em uma dose de vacina costuma estar abaixo de 1 mg. Na Coronavac há 0,225 mg de hidróxido e alumínio (equivalente a 0,078 mg de alumínio), por exemplo. Em um comprimido de antiácido temos 240 mg. Quer dizer, para o organismo, a quantidade de alumínio presente em uma dose de vacina não altera significativamente nem o montante da ingestão de alumínio diária. Ou seja, são vacinas seguras.

Jornalistas divulgaram a fraude dos desenhos alienígenas, bem como fizeram matérias com informações sobre a segurança das vacinas, mas nem de longe tiveram a mesma atenção ou o comprometimento das pessoas se comparado às *fake news* iniciais. É por isso que precisamos lutar contra a divulgação de informações falsas, imprecisas ou fruto de fraudes ou ciência malfeita: é muito difícil desfazer o impacto inicial e essa reversão nunca é completa.

ALGUMAS *FAKE NEWS* SÃO "FILHAS" DE CIÊNCIA MALFEITA

Quando discutimos o que é evidência científica ao final do capítulo "Como a Ciência sabe o que ela sabe?", percebemos que uma evidência científica de qualidade é fruto de um método rigoroso, com uma amostra de tamanho adequado, interpretada no contexto correto – que gera resultados confiáveis e que são compatíveis com o ecossistema científico construído sobre aquele conhecimento. Infelizmente, nem todos os artigos e resultados de estudos científicos apresentam todas essas características (conforme lembramos no exemplo do Andrew Wakefield no tópico anterior).

Assim como em qualquer área, há trabalhos bem-feitos e trabalhos malfeitos. O grande problema é que um estudo científico mal conduzido gera, ainda assim, resultados e conclusões. Porém, são resultados e conclusões enviesados e pouco confiáveis, mas que podem ser levados a sério e orientar tomadas de decisão, apenas por serem considerados científicos. É por isso que tem tanta gente que afirma que se baseia em Ciência, mesmo adotando condutas ruins.

Quando criticamos um estudo ou dizemos que não podemos levá-lo em consideração porque é "pouco confiável", não é por preconceito e tampouco por um viés pessoal ou moral (ou político/ideológico, como podem afirmar alguns). É pelo fato óbvio de que, se um estudo não for bom, seus resultados devem ser observados com muito cuidado, ou podem acabar sendo divulgados à população de maneira irresponsável, tornando-se *fake news*.

Fazer pesquisa de um modo sólido nem sempre custa mais caro ou é mais difícil. Em alguns casos se trata mais de não virar as costas para o método científico (propositalmente ou por falta de treinamento na área). E veja que curioso: na área da saúde, os estudos "falhos" são justamente aqueles que favorecem os resultados positivos de terapias duvidosas, por exemplo. Já os estudos bem realizados, bem desenhados, costumam mostrar que boa parte dos tratamentos não são melhores que o placebo. Mas, por outro lado, garantem que um resultado positivo signifique que um medicamento de fato funciona e compensa o risco de ser utilizado.

Já se observa há um bom tempo esse fenômeno e é possível afirmar que existe uma relação praticamente linear entre a qualidade metodológica de um experimento sobre um tratamento e o resultado obtido. Em outras palavras, quanto pior o estudo, maior a chance de o resultado ser falsamente positivo.

Tomemos como exemplo o artigo científico "Hydroxychloroquine and azithromycin as a treatment of COVID-19: results of an open-label non-randomized clinical trial" (em português: Hidroxicloroquina e azitromicina como um tratamento para covid-19: resultados de um ensaio clínico aberto e não aleatorizado), divulgado pouco tempo após a declaração da pandemia por covid-19.

Em uma situação na qual estávamos todos angustiados e apreensivos com o avanço da pandemia na ausência de tratamentos eficazes ou vacinas, o grupo francês, coordenado pelo infectologista Didier Raoult, publicizou em março de 2020 esses resultados preliminares, que apontavam para uma suposta eficácia de hidroxicloroquina (combinada com azitromicina) para o tratamento da covid-19, com uma conclusão que afirmava: "Nós recomendamos que os pacientes com covid-19 sejam tratados com hidroxicloroquina e azitromicina para curar a infecção e limitar a transmissão do vírus para outras pessoas, de modo a minimizar o impacto da covid-19 pelo mundo".

Isso foi suficiente para que muitos profissionais de saúde aderissem ao esquema terapêutico e a hidroxicloroquina se tornasse a primeira grande (falsa) promessa de tratamento para a covid-19. Agravando a situação, a indicação ganhou mais força e publicidade global quando o então presidente dos Estados Unidos, Donald Trump, publicizou esses mesmos resultados no Twitter, endossados pela frase: "*Covid has cure. America wake up.*" (Covid tem cura. Acorde, América).

O que se perdeu nesse telefone sem fio foi a análise da qualidade do estudo. O ensaio clínico muito pequeno (avaliou os resultados de apenas 36 pacientes), em um estudo que não foi cego ou duplo cego (não controlando vieses como o efeito placebo, efeito Hawthorne etc), sem aleatorizar a amostra (podendo ter grandes discrepâncias entre os grupos), tentou avaliar um desfecho pouco relevante (positividade no teste de covid, que sabemos que carrega um grau de imprecisão e que não se correlaciona diretamente com desfechos relevantes como mortalidade).

Pior que isso, a análise inicial dos dados excluiu pacientes que usaram hidroxicloroquina e abandonaram o estudo, ou mesmo que haviam morrido. Ou seja, ao remover pacientes que tiveram desfechos graves no grupo hidroxicloroquina, houve a falsa impressão de que o fármaco trazia bons resultados. Posteriormente, os dados do estudo foram reavaliados por pesquisadores independentes e publicados na mesma revista com a conclusão: "Este é um estudo não informativo, com problemas metodológicos grosseiros. Os resultados não justificam as conclusões a respeito da suposta eficácia de hidroxicloroquina na covid-19. Na verdade, não justificam conclusão alguma". Porém, como discutimos no tópico anterior, dificilmente o impacto de uma notícia falsa é completamente revertido.

Devido a este e outros trabalhos mal conduzidos, em novembro de 2020, o site The Skeptic, concedeu a Didier Raoult o "The Rusty Razor Award" (Prêmio Navalha Enferrujada), um prêmio para o maior promotor de pseudociências daquele ano. O prêmio faz uma alusão à Navalha de Occam (conceito essencial para o pensamento científico, discutido neste livro), mas que, no caso de Raoult, estava enferrujada, ou seja, não condizente com o pensamento científico.

Sendo assim, ao somarmos estudos mal conduzidos com a prática de "colher cerejas" e com o viés de confirmação, temos a "fórmula perfeita" das pessoas que fingem (ou que, por ignorância, acreditam) se basear em Ciência quando na verdade estão disseminando uma informação falsa ou imprecisa.

Isso significa então que a Ciência não é confiável? Não! Pelo contrário! Conhecer o método e o pensamento científico é a melhor forma de identificar fraudes e ciência malfeita. A Ciência e seu método são honestos por natureza e o conhecimento de como utilizá-los pode ser uma potente arma para combater a desonestidade intelectual, como nesse exemplo, quando pesquisadores independentes usaram o pensamento científico para reanalisar os métodos e os resultados de um estudo mal conduzido.

TEORIAS DA CONSPIRAÇÃO: O ÚLTIMO REFÚGIO DO NEGACIONISTA

"Teoria da conspiração é uma doença que afeta pessoas inteligentes o suficiente para detectar um padrão, mas não inteligentes (ou emocionalmente equilibradas) o suficiente para não serem enganadas por arranjos aleatórios. A 'superdetecção' é amplamente pior do que a 'subdetecção'". Este tuíte do estatístico Nassim Taleb nos mostra que "detectar" relações que não existem de verdade (como as que acontecem em uma teoria da conspiração) é frequentemente pior que deixar de detectar uma associação verdadeira. Enxergar algo "novo", que na verdade não existe, provoca mudanças profundas nas nossas condutas e maneira de agir, enquanto deixar de enxergar algo que existe mantém o *status quo*. Em um cenário ideal enxergaríamos as relações que de fato existem e ignoraríamos as falsas associações.

Por exemplo, afirmar que uma dieta específica é capaz de curar um determinado tipo de câncer e que os medicamentos quimioterápicos são apenas uma conspiração da indústria farmacêutica, pode provocar mudanças intensas na sociedade. Haveria grande investimento por parte dos pacientes em aderirem a essa conduta e muitos deixariam de utilizar os medicamentos convencionais para buscar essa nova alternativa mais "natural". Além disso, a maioria deles alimentaria a esperança de ser curado. Por isso, ao afirmar algo assim, é importante que essa afirmação não seja falsa. Caso contrário, estaremos diante de uma ilusão que pode trazer prejuízos significativos à saúde física e mental da população.

Veja bem, conspirações reais existem. A Volkswagen já fraudou testes de emissão de seus motores a diesel. A indústria do tabaco foi capaz de iludir a população em relação aos efeitos prejudiciais do cigarro à saúde. Mas, mais cedo ou mais tarde, a realidade de conspirações verdadeiras vem à tona na forma de documentos internos vazados, delatores e investigações governamentais.

Por outro lado, as teorias da conspiração (ou conspiracionismo) não são sequer teorias científicas (de acordo com a definição que estudamos no capítulo "Como a Ciência sabe o que ela sabe?"). São, na verdade hipóteses especulativas que sugerem que há pessoas ou organizações tentando provocar ou acobertar, de maneira secreta e deliberada, uma determinada situação ou evento. Elas tendem a persistir por mais tempo, mesmo na ausência de evidências. Surpreendentemente, a falta de provas concretas não as impede de ganharem projeção.

O mais interessante e contraditório disso tudo é que as conspirações reais são descobertas a partir do ceticismo científico, considerando a análise criteriosa das evidências disponíveis e de acordo com a coerência das informações. Um exemplo paradigmático dessa diferença entre o pensamento científico e o pensamento conspiratório é o caso do estudo de Bradford Hill e Richard Doll, que estabeleceu a ligação entre o tabagismo e o câncer de pulmão. Enfrentando uma enorme resistência da indústria tabagista, Hill e Doll conduziram um rigoroso estudo epidemiológico que revelou um forte vínculo entre o tabagismo e o câncer de pulmão, mesmo que não se pudesse demonstrar o mecanismo direto naquele momento.

Não foi a partir de especulações ou conjecturas que se chegou a essa conclusão, mas através de cuidadosa observação, análise estatística e interpretação criteriosa dos dados. É através do escrutínio cuidadoso, do questionamento constante e da análise imparcial que se revelam as verdadeiras conspirações, como foi o caso do encobrimento pela indústria do tabaco dos danos à saúde causados pelo fumo. Já o pensamento daqueles que acreditam e perpetuam as teorias da conspiração tende a ser cético apenas para informações que não favorecem as suas teorias favoritas, aceitando sem criticidade tudo aquilo que apoia suas narrativas ilusórias.

Ou seja, teóricos da conspiração "sabem" as respostas antes de buscarem evidências. Sua busca é seletiva e enviesada para confirmar suas teorias. Isso é ainda mais comum em eventos inéditos, como a pandemia por um novo vírus, uma vez que aquilo que ainda não foi elucidado acaba se tornando terreno fértil para a criatividade humana. Paradoxalmente, portanto, as pessoas que mais imaginam que descobriram grandes conspirações são as menos aptas a revelarem uma conspiração real, pois, em geral, não estão acostumadas a adotar o pensamento científico (e precisam urgentemente ler este livro!).

Quando falamos em teorias da conspiração, é importante que nos lembremos ainda do conceito de probabilidade condicional que debatemos no capítulo "A certeza não existe". A força da lógica por trás de muitas teorias da conspiração depende da incompreensão ou da compreensão errada desse tipo de probabilidade, assim como no exemplo que citamos sobre o filme *Dança comigo?*. De fato, vários eventos não convencionais devem acontecer para que uma conspiração real exista. Mas não necessariamente existe uma conspiração apenas porque algumas pessoas enviesadas reuniram e costuraram por conta própria uma série de eventos incomuns (boa parte deles sem evidências sólidas que os respaldem). Por isso existe esse esforço adicional para construir narrativas que possam conectar pontos, ainda que de forma improvável e "forçada".

Mesmo com toda essa contradição, as teorias da conspiração conseguem ser bastante populares e há alguns motivos para isso, elencados pelo psicólogo Douglas K. Sutton:

1. *Sentimento de impotência*: indivíduos que se sentem impotentes ou vulneráveis frente a uma determinada situação são mais propensos a acreditar em teorias conspiratórias. A vulnerabilidade abre brechas na autonomia, uma vez que determinada teoria conspiratória pode atender ilusoriamente a uma necessidade individual que não está sendo atendida pela realidade.
2. *Forma de lidar com ameaças*: as teorias da conspiração permitem que as pessoas lidem com eventos ameaçadores culpando um conjunto de protagonistas. É muito difícil aceitar, por exemplo, que um grande músico como Bob Marley morreu em virtude de um evento ordinário, como um câncer de pele que não foi corretamente tratado. Uma teoria da conspiração satisfaz essa necessidade de que um evento marcante como esse tenha uma causa igualmente grandiosa, como uma conspiração envolvendo a CIA (agência de inteligência norte-americana) no assassinato do músico.
3. *Contestação política*: teorias da conspiração frequentemente contestam determinadas interpretações políticas a favor de uma determinada reivindicação por um grupo conspiratório.
4. *Explicação de eventos improváveis*: as teorias da conspiração geram um conforto e um alívio frente à incerteza. É uma forma de dar um desfecho mais certeiro para algo incerto. Como vimos que a certeza não existe na Ciência, este se torna um campo fértil para o conspiracionismo.

Podemos perceber, portanto, que a crença em teorias da conspiração parece estar ligada a uma necessidade de desfecho cognitivo, ou seja, pessoas que tenham certa "pressa" em tirar conclusões para definir melhor uma determinada situação (que, muitas vezes, é complexa e necessitaria de um olhar mais cuidadoso ou que talvez demoraria muito tempo para ser melhor elucidada) parecem sofrer maior influência de informações conspiratórias. Da mesma forma, explicações ordinárias parecem não satisfazer plenamente as nossas necessidades emocionais para lidarmos com eventos negativos grandiosos.

Para complicar ainda mais esse cenário, as redes sociais acabaram criando um universo no qual qualquer pessoa pode, potencialmente, alcançar um número tão grande de pessoas quanto a chamada "mídia tradicional".

Somado a isso, a ausência de "moderadores" ou "filtros" eficazes, faz com que o seu alcance se torne rápido e significativo no ambiente on-line.

É por isso que as *fake news* têm viajado em uma velocidade e em uma quantidade muito maior do que as notícias verdadeiras, caracterizando o estado de Infodemia que vivemos: o número de disseminadores de teorias da conspiração é muito maior que o número de desmistificadores dessas teorias.

> Infodemia é o nome dado ao grande fluxo de informações que se espalham pela internet sobre um assunto específico, de forma muito acelerada e em um curto período tempo, sendo difícil diferenciar informações confiáveis de informações não confiáveis.

OS SETE SINAIS DO PENSAMENTO CONSPIRATÓRIO: C-O-N-S-P-I-R

No capítulo passado falamos sobre as principais manobras de negação da Ciência, sistematizadas por John Cook: falsos especialistas, falácias lógicas, expectativas impossíveis, "colher cerejas" e teorias da conspiração. No livro *Conspiracy Theory Handbook* (Manual das Teorias da Conspiração), Cook, juntamente com o psicólogo Stephan Lewandowsky, apresenta sete sinais que nos ajudam a identificar o pensamento conspiratório, resumidos na sigla CONSPIR:

C*ontradictory* (Contradição), **O***verriding Suspicion* (Suspeita Absoluta), **N***efarious Intent* (Intenção Nefasta), **S***omething Must Be Wrong* (Algo Deve Estar Errado), **P***ersecuted Victim* (Vítima Perseguida), **I***mmune to Evidence* (Imunidade a Evidências) e **R***e-Interpreting Randomness* (Reinterpretação da Aleatoriedade). Vamos explorar cada uma dessas características:

1. *Contradição:* teóricos da conspiração estão mais sujeitos a acreditar em ideias contraditórias. Por exemplo: acreditar que a princesa Diana foi assassinada, ao mesmo tempo aceitando que ela pode ter forjado a própria morte. Ora, se uma pessoa forjou a própria morte, não pode ter sido assassinada. Se foi assassinada, não pode

ter forjado a própria morte. Seja como for, o ponto aqui é a descrença nos fatos oficiais: Diana faleceu vítima de um acidente de carro. Mas essa descrença na realidade é tão grande a ponto de abrir espaço para informações conflitantes e contraditórias.

2. *Suspeita absoluta:* Conforme comentamos neste capítulo, o pensamento conspiracionista exige um "hiperceticismo" em relação à narrativa oficial. Isso inclui rejeitar evidências e fatos demonstrados e comprovados, apenas porque não se encaixam na teoria da conspiração que está sendo construída. Esse é um comportamento tipicamente negacionista, como pudemos observar no capítulo passado.
3. *Intenção nefasta:* Teorias da conspiração nunca presumem que os conspiradores possuem boas intenções. Por esse motivo, é comum o discurso de que um grupo de pessoas influentes ou organizações poderosas estão conspirando sobre algo diabólico, nefasto, que visa prejudicar um grande número de pessoas para gerar um benefício próprio.
4. *Algo deve estar errado:* Mesmo quando conspiracionistas, às vezes, abandonam algumas ideias específicas porque se tornaram insustentáveis, isso não muda a sua conclusão final de que "algo deve estar errado". Assim, para sustentar essa crença, precisam afirmar que a narrativa oficial dos fatos é uma fraude.
5. *Vítima perseguida:* Teóricos da conspiração enxergam a si mesmos como vítimas de uma perseguição ou injustiça. Ao mesmo tempo, consideram-se adversários corajosos, mártires dispostos a enfrentar conspiradores malvados (que autoestima!). Portanto, conspiracionistas possuem a autopercepção de que são, ao mesmo tempo, vítimas e heróis. O detalhe é que essa se transforma em uma forma bastante confortável de rebater as críticas. Por exemplo, uma pessoa critica a afirmação conspiratória com argumentos e evidências e o conspiracionista responde: "Estou sofrendo perseguição por estar revelando uma conspiração".
6. *Imunidade às evidências:* Teorias da conspiração são autoajustáveis (lembra das crenças infalíveis que discutimos no capítulo "Ciência ou pseudociência?"?), ou seja, qualquer evidência que contrarie uma teoria conspiratória acaba sendo reinterpretada como se fosse parte

da própria conspiração. Por exemplo, uma evidência científica de que vacina funciona é transformada pelos conspiracionistas em uma "nova evidência" da conspiração da "Big Pharma" (termo usado para se referir coletivamente à indústria farmacêutica mundial): "Isso é o que a indústria farmacêutica quer que você acredite!".

7. *Reinterpretação da aleatoriedade:* Sabemos que o mundo é probabilístico. Porém, a suspeita absoluta dos conspiracionistas, que os leva a duvidar de absolutamente tudo que contrarie sua teoria, acaba resultando em uma crença ilusória de que "nada acontece por acaso". Se nada acontece por acaso, então tudo é suspeito. Assim, pequenos eventos aleatórios são reinterpretados e "costurados" em uma narrativa mirabolante, reforçando e "embasando" uma teoria da conspiração.

A natureza infalível das teorias da conspiração, somada à veiculação veloz e sem qualquer filtro de notícias falsas, faz com que seja muito difícil distinguir a verdade e a realidade de mentiras e ilusões. Sendo assim, vivemos em um ecossistema altamente vulnerável às *fake news* e, por esse motivo, precisamos aprender a nos defender.

COMO PODEMOS NOS PROTEGER DAS *FAKE NEWS*?

A boa notícia é que você já começou a fazer isso ao ler este livro. Se estamos aqui desenvolvendo o pensamento científico, já temos então a principal ferramenta para identificar e lidar com *fake news*. Contudo, é importante lembrarmos que ter uma ferramenta não é sinônimo de usar a ferramenta. Da mesma forma que se quisermos construir uma mesa não podemos deixar o martelo na caixa, se quisermos nos proteger contra notícias falsas, pseudociências e teorias da conspiração, não podemos deixar o pensamento científico engavetado.

Uma forma relevante de tentar reduzir o impacto das *fake news* é estimular um pouco de reflexão (para os outros e para nós mesmos) antes de um compartilhamento de notícia ou informação. Aqui, sugiro 10 perguntas que podemos nos fazer, ao entrar em contato com uma nova informação:

1. Esse site ou jornal parece relevante na área?
2. A linguagem do texto é neutra ou é emocional (usa muitos adjetivos e apela para emoção)?
3. Parece existir uma motivação política, econômica ou religiosa por trás da informação que está sendo transmitida?
4. A notícia é atual? (Notícias antigas postadas em dias atuais de maneira descontextualizada podem funcionar como *fake news*).
5. Os argumentos são sólidos e válidos ou é possível identificar o uso das falácias lógicas?
6. Eu fico feliz ao ler essa notícia? Se fiquei feliz, será que é uma notícia que confirma minhas crenças e por isso quero aceitar essa informação sem reflexão adequada?
7. Da mesma forma, eu fico triste ou irritado ao ler essa notícia? Será que essa notícia vai contra algo que acredito e por esse motivo quero rejeitar a informação sem refletir?
8. Estou diante de uma crença infalível?
9. É possível identificar alguma das manobras de negação da ciência que discutimos no capítulo passado?
10. Continuo em dúvida sobre a informação? Na dúvida, não vou compartilhar.

Experimente introduzir essas reflexões no seu dia a dia durante a leitura de qualquer notícia. É trabalhoso, contraintuitivo e envolve maior esforço. Contudo, ao se tornar um hábito, você estará muito mais preparada ou preparado para navegar nesse oceano infodêmico.

A Ciência não é neutra. E isso não diminui seu valor

"A objetividade é um mito de neutralidade e distância, que na verdade encobre os compromissos e incorporações que dão forma ao nosso conhecimento. O ponto não é alcançar a 'objetividade' no sentido de neutralidade, mas sim cultivar a 'objetividade' como um compromisso atento e responsável."

Donna Haraway

Durante a leitura desta obra, percebemos que a Ciência se apoia em um método próprio de investigação que visa reduzir vieses na busca por "verdades" (ainda que transitórias) que possam reduzir nossas incertezas sobre o mundo. Dessa forma, enquanto navegamos por esse mar de descobertas e inovações, é frequente a ideia de que essa investigação seja neutra, objetiva e imparcial.

De fato, é tentador pensar na ciência como uma atividade totalmente objetiva, "pura" e desprovida de quaisquer influências externas. Mas, na realidade, a ciência é uma atividade social e, portanto, reflete em certa medida os valores e preconceitos de seus praticantes. O conceito de que a Ciência não é uma entidade monolítica e homogênea, mas um campo em constante evolução, povoado por diferentes atores com seus próprios interesses e conflitos, não é algo novo e não deve ser ignorado no exercício do pensamento científico.

Não é surpresa, portanto, que a ciência, sendo uma prática exercida por pessoas, esteja sujeita a todas as peculiaridades, preconceitos e pressões que afetam qualquer atividade humana. Nesse sentido, cada cientista, assim como qualquer indivíduo, é produto do seu tempo e lugar. Seus questionamentos, métodos e conclusões são moldados não só pela lógica, observação e experimentação, mas também pelos valores, expectativas e necessidades da sociedade em que vivem.

Os valores sociais, por exemplo, refletem-se nas perguntas que os cientistas fazem, no modo como interpretam seus dados e na maneira como suas descobertas são aplicadas. Fatores como pressões econômicas, interesses políticos e ideologias sociais podem influenciar decisões importantes na Ciência, tais como quais projetos receberão financiamento, quais pesquisas serão publicadas e como essas pesquisas serão interpretadas e aplicadas. Além disso, é crucial examinar como as estruturas de poder influenciam a prática científica. Isso inclui não apenas quem financia a pesquisa, mas também quem se beneficia dela e quem é potencialmente prejudicado. Por exemplo, tecnologias desenvolvidas em países desenvolvidos podem não ser aplicáveis ou acessíveis para comunidades em países em desenvolvimento, perpetuando desigualdades globais.

Sendo assim, a objetividade da Ciência não implica a ausência total de valores, mas a tentativa de eliminar a influência de valores irrelevantes ou prejudiciais. Temos que estar cientes que, embora estejamos buscando uma percepção mais precisa da realidade, o que consideramos 'realidade' pode ser parcialmente influenciado por nossos valores. Isso nos ajuda a aprimorar o pensamento científico e a estabelecer uma relação menos ingênua com a prática científica.

Como exemplo simples de ser compreendido podemos citar os avanços no desenvolvimento de vacinas que são impulsionados por necessidades imediatas de saúde pública. Situações pandêmicas como H1N1 e covid-19 aceleraram pesquisas em áreas específicas, levando a avanços significativos em tempo recorde. Avanços que aconteceriam de modo muito mais lento se não houvesse esse interesse social e econômico em uma vacina. Da mesma forma, outras necessidades ou interesses sociais e econômicos podem determinar quais áreas da Ciência recebem maior financiamento e atenção.

Em contrapartida, a ciência também molda a sociedade à medida que a impacta com seus avanços. A descoberta da penicilina no século XX, por exemplo, transformou a Medicina e prolongou a expectativa de vida humana. Isso reforça o fato de que os resultados científicos não são fatos isolados, mas, sim, interligados com o contexto em que foram produzidos. A ciência é, portanto, um processo dialético, no qual a produção de conhecimento e a sociedade se influenciam mutuamente em um ciclo contínuo.

Lendo este capítulo até aqui, talvez você possa argumentar: "Embora a prática científica não seja neutra, não seria adequado, ao menos, buscar uma neutralidade ou objetividade?". Certamente devemos encorajar a objetividade como um ideal científico a ser perseguido de forma saudável – a mesma ideia dos "óculos científicos" que discutimos desde o início deste livro. Porém, o que não podemos é ignorar o fato de que a Ciência não é neutra e, frente a isso, tentar forçar uma neutralidade científica arbitrária.

Essa presunção inadequada de neutralidade pode ser perigosa precisamente porque obscurece a natureza complexa e contextual da prática científica. Uma ilusão de neutralidade pode ocultar o fato de que a ciência é feita por pessoas, que trazem consigo suas próprias visões de mundo, crenças, preconceitos e interesses. A insistência em uma suposta neutralidade pode limitar a diversidade de perspectivas e abordagens na ciência, podendo enfraquecer sua capacidade inerente de inovação e autocorreção. Mais ainda, pode ser usada como ferramenta para silenciar o debate e o questionamento, assegurando que certas vozes, ideias ou evidências sejam marginalizadas ou ignoradas.

Um exemplo notório é o da Alemanha nazista, onde a Ciência foi cooptada para apoiar a ideologia racial do regime vigente. Sob o disfarce de "neutralidade científica", pesquisas pseudocientíficas sobre raça e genética foram conduzidas e utilizadas para justificar políticas de extermínio e eugenia. Esse é um exemplo extremo, mas ilustrativo, do que pode acontecer quando a ciência é despojada de seu contexto social e político e apresentada como neutra e objetiva.

Contudo, embora o uso do método científico não possa garantir total objetividade e imparcialidade, isso não significa que devamos adotar uma postura completamente oposta, negando a busca por esses ideais. Devido à percepção da inexistência de neutralidade na Ciência, algumas pessoas adotaram a ideia de que, se é impossível chegarmos a verdades objetivas, então cada indivíduo poderia enxergar a sua própria verdade. Tal extremo relativista pode ser erroneamente utilizado para justificar a ideia de que todas as opiniões e interpretações têm igual valor e validade, independentemente das evidências e da lógica que as corroboram. Essa atitude contribui, por exemplo, para o negacionismo científico em áreas como as mudanças climáticas ou a eficácia das vacinas, com consequências bem documentadas e socialmente desastrosas.

O fato de a Ciência ser influenciada por fatores sociais, culturais e políticos não implica que ela seja subjetiva. Conforme discutimos ao longo dessa obra, a Ciência é regida por padrões rigorosos de investigação sistemática. Ainda que esse processo seja influenciado por valores e preconceitos, ele também possui mecanismos de autocorreção que permitem que erros e distorções sejam identificados e corrigidos. Esses processos não são apenas técnicos, mas também sociais, pois envolvem a colaboração e o debate entre cientistas com diferentes perspectivas e conhecimentos. Assim, o método científico não é uma ferramenta isolada, mas parte de um ecossistema mais amplo de práticas que buscam aprimorar a nossa compreensão do mundo.

Isso é demonstrado pela capacidade da Ciência de fazer previsões precisas e de criar tecnologias que funcionam na prática. Seu rigor metodológico serve como uma salvaguarda contra o relativismo extremo, permitindo-nos distinguir entre afirmações científicas bem e mal fundamentadas. A qualidade e robustez do método científico proporcionam uma base para avaliar a confiabilidade e validade do conhecimento produzido, mesmo quando reconhecemos que a objetividade total é inatingível.

Indo mais além: a não neutralidade da Ciência não deve ser vista como uma grave limitação, mas sim como uma oportunidade para tornar a Ciência mais inclusiva e democrática. Como Donna Haraway aponta na abertura deste capítulo, a objetividade não é sobre transcender ou ignorar nossas particularidades, mas sim sobre entender como elas nos influenciam. Reconhecer que a ciência é influenciada por valores e preconceitos, não apenas a torna mais transparente, mas também oferece uma oportunidade de inclusão de vozes historicamente marginalizadas. Métodos colaborativos e interdisciplinares, bem como a participação pública na ciência, podem enriquecer a prática científica, tornando-a mais democrática e responsiva a uma gama mais ampla de necessidades e preocupações sociais. Esse é um passo em direção a uma Ciência mais pluralista, que considera uma multiplicidade de perspectivas não como uma ameaça, mas como uma força.

Toda essa discussão nos leva a um ponto crucial – a interseção da Ciência com a Ética. Se a Ciência é moldada por nossas perguntas, interesses e valores sociais, então é imperativo que abordemos a responsabilidade Ética inerente à prática científica. Na Ciência, a Ética serve como um princípio regulador para a atividade científica, refletindo a interação contínua entre a Ciência e os valores sociais.

NÃO EXISTE CIÊNCIA SEM ÉTICA (E NEM ÉTICA SEM CIÊNCIA)

Em 1600, o Italiano Giordano Bruno foi sentenciado à morte e queimado por acreditar na Filosofia e na Ciência. Galileu Galilei chegou perto disso e só foi poupado porque renunciou publicamente à Teoria Heliocêntrica de Copérnico. Aqueles foram tempos difíceis para os que arriscaram se aventurar na Ciência. Se por um lado avançamos muito na liberdade para a produção do conhecimento científico, por outro, nos deparamos com problemas éticos envolvidos nesse processo.

A crença da existência de uma "raça superior", por exemplo, se perpetuou de tempos longínquos até os dias de hoje e, infelizmente, cientistas também possuem sua parcela de responsabilidade. Incontáveis foram as tentativas de se relacionarem características físicas e biológicas de negros, brancos e outras raças e etnias com, por exemplo, "nível de inteligência". Obviamente, foram experiências enviesadas que tentaram obter respaldo científico a respeito de uma suposta superioridade de brancos frente aos demais grupos e, com isso, justificar inúmeras atrocidades históricas cometidas.

Infelizmente, apesar de parecer, isso não é algo referente a um passado remoto. Em 2002, por exemplo, o psicólogo e professor Richard Lynn publicou o estudo *Cor de pele e inteligência em afro-americanos*. Um estudo observacional, com diversos vieses, e para o qual não se pode atribuir causalidade (lembra quando discutimos o conceito de causa falsa no capítulo "Lógica como aliada da Ciência"?), cuja conclusão foi a de que "o nível de inteligência de afro-americanos é determinado pela proporção de genes caucasianos".

Em outra situação, utilizando a falácia do argumento de autoridade, James Watson ("pai do DNA" e ganhador do Nobel em 1962) afirmou, pouco mais de uma década atrás, que existe uma "diferença entre a média de QI entre negros e brancos" e que essa diferença seria genética (e não devido a importantes questões socioeconômicas e de vulnerabilidade social).

Porém, vimos ao longo deste livro que tudo aquilo que não consegue (ou não é possível de) ser demonstrado pelo método científico, acaba se perpetuando baseado em crenças infalíveis (e não em evidências), se apoiando em um "linguajar científico" apenas para ganhar credibilidade, pode ser classificado como pseudociência. Sendo assim, essa "biologia racial", com o intuito de demonstrar superioridade de uma raça ou etnia sobre a outra, é puramente especulativa e pseudocientífica. Esse tipo de afirmação é perigosa e acaba ecoando não apenas no meio científico, mas na sociedade como um todo, tornando-se munição pseudocientífica na mão de supremacistas. Fazer afirmações definitivas e incontestáveis com base em dados incertos ou enviesados é tanto uma prática anticientífica quanto antiética.

> Supremacismo é a crença de que um determinado grupo de pessoas é superior a todos os outros. Historicamente se refere a grupos supremacistas brancos, em geral de ascendência europeia, que se consideram superiores a negros, imigrantes, judeus etc.

O progresso científico – o motor que moveu as maiores mudanças em nossa sociedade durante a história – requer, acima de tudo, um pensamento crítico que minimize ideias preconcebidas. Por esse motivo, ao longo do tempo, dispositivos éticos foram sendo aprimorados e refinados de modo que hoje qualquer pesquisa que envolva seres humanos, necessita da aprovação de um comitê de ética em pesquisa (assim como pesquisas envolvendo animais também precisam da aprovação de um comitê de ética em experimentação animal). Essa aprovação considera principalmente a observância de princípios fundamentais como o da não maleficência (não provocar mal aos indivíduos) e da beneficência (trazer benefício para os participantes e para a sociedade).

Ainda assim, há aqueles que imaginam que isso é apenas uma forma burocrática de se fazer Ciência. Talvez pelo fato de criarmos uma disciplina chamada Bioética nas universidades, tenhamos nos esquecido de que a ética é parte integral da Ciência e não um conhecimento dissociado dela. Nesse contexto, é crucial entendermos que os comitês de ética em pesquisa não existem para servir como um obstáculo burocrático. Eles têm o papel essencial de atuar como guardiões da integridade científica. Ao fazerem isso, esses comitês também protegem o público contra possíveis danos e mantêm a confiança da sociedade na Ciência, que é fundamental para o progresso contínuo do conhecimento.

Para qualquer pessoa que queira entender o impacto negativo da ausência da ética ao se desenvolver uma pesquisa, recomendo o filme *Cobaias* (*Miss Evers' Boys*). Resumidamente, o longa-metragem aborda o caso real de um experimento médico, realizado pelo Serviço Público de Saúde dos Estados Unidos em Tuskegee, Alabama, entre 1932 e 1972. Cerca de 600 homens negros foram literalmente usados como cobaias em um experimento, no qual em cerca de 400 deles observou-se a progressão natural da sífilis sem o uso de qualquer medicamento (mesmo após a descoberta e fabricação da penicilina, tratamento efetivo para a doença que foi negado aos participantes do estudo). Certamente um dos mais tristes episódios da nossa história, fruto de uma suposta Ciência, executada sem ética e cujos resultados não tiveram utilidade alguma.

Da mesma forma, é comum também se afirmar que durante o nazismo houve muito progresso científico, quando na verdade se fez todo tipo de atrocidades na tentativa fútil de provar um argumento supremacista, apenas sob o disfarce de Ciência. Muito pouco progresso científico real e um enorme retrocesso do ponto de vista ético e humano. Obviamente, muitas outras questões antiéticas que ocorrem mais frequentemente na ciência podem ser trazidas aqui: fraudes de resultados, conflitos de interesses não declarados, plágio e "roubo" de ideias, coleta de dados ou informações sem consentimento, influências religiosas ou políticas no delineamento de estudos etc.

Contudo, um estudo ou experimento que ignora a ética, ignora também o compromisso com o método científico em si. Já está enviesado desde que é concebido. Como confiar nos dados relatados em uma pesquisa que não se preocupou com princípios éticos? Se não houve ética na escolha do tema ou na execução do estudo, qual é a garantia de haver ética na análise e interpretação desses dados? Nos casos que citei anteriormente, o preconceito motivou uma suposta pergunta científica. E uma pergunta motivada por preconceito é uma pergunta que já nasce enviesada e contaminada pelo viés de confirmação. Dessa forma, tudo que vier depois disso – as hipóteses, experimentos, resultados e conclusões – estará também potencialmente enviesado e, portanto, com sua credibilidade comprometida. Ou seja, além de todo o dano causado às pessoas e à sociedade, um estudo que não respeita os princípios éticos em pesquisa acaba não sendo confiável.

A filosofia de Hansson (filósofo que citamos no capítulo "Um pouco de História e Filosofia da Ciência") em relação à ética e à Ciência é particularmente relevante neste contexto. Ele argumenta que uma pesquisa, mesmo que conduzida com rigor metodológico, pode ser considerada pseudocientífica se não seguir princípios éticos. Isso porque a Ciência é intrinsecamente um empreendimento social, cujos impactos se estendem muito além do laboratório. Sem ética, a Ciência pode se tornar uma ferramenta para a disseminação de conceitos e ideias preconceituosas, assim como aconteceu com a "biologia racial" e o "estudo" de Lynn. O papel da ética, portanto, é salvaguardar a Ciência contra esses usos indevidos e garantir que ela beneficie a sociedade ao invés de prejudicá-la.

Além disso, a comunicação científica também possui um papel importante na manutenção da integridade ética da Ciência. A forma como os resultados de pesquisa são comunicados ao público pode afetar profundamente a percepção pública da Ciência e seu impacto ético na sociedade. Uma comunicação clara, transparente e precisa não apenas informa o público, mas também age como uma barreira contra a desinformação e pseudociência.

Na outra margem desta discussão, podemos afirmar que a ética também não existe sem a Ciência e o pensamento científico. Privar os indivíduos do acesso à Ciência e seus avanços, permitir a promoção de tratamentos sem base em evidências científicas, negar uma vacina a uma criança etc., são exemplos de situações nas quais, ao ignorarmos a Ciência e suas descobertas, estamos também deixando de agir eticamente enquanto sociedade. Ao longo dos capítulos deste livro, você pôde perceber o quanto a falta do pensamento científico pode nos deixar mais vulneráveis. E nossa autonomia – nossa liberdade para nos autodeterminarmos e tomarmos nossas próprias decisões – é inversamente proporcional a essa vulnerabilidade. Ou seja, precisamos de ferramentas sociais e intelectuais para que possamos ser verdadeiramente livres.

Podemos então concluir que Ciência e Ética são inseparáveis, como dois lados de uma mesma moeda. A transparência que o método científico demanda para obtenção de dados confiáveis e precisos está intrinsecamente ligada aos princípios éticos. Afinal, dados enviesados levam a decisões enviesadas. E decisões enviesadas têm pouca probabilidade de beneficiar nossa sociedade, ao passo que, de maneira mais provável, trarão prejuízos irreparáveis a ela.

A Ciência é arrogante? Ou nós é que estamos sendo?

"Você não é especial. Você não é um floco de neve lindo ou único. Você é a mesma matéria orgânica em decomposição, como todo o resto."

Tyler Durden (no filme *Clube da Luta*)

"A ciência é arrogante". Perdi a conta de quantas vezes ouvi alguém falar isso em discussões nas quais usei argumentos baseados em evidências ao fazer um questionamento cético/científico sobre alguma prática ou crença.

Quando assisti à série *The Man in High Castle*, uma frase do personagem inspetor Kido me chamou atenção e ficou reverberando na minha cabeça: "Os impérios que construímos são como castelos de areia. Mas a única coisa constante é a maré". Embora pareça uma frase enigmática de algum guru do oriente, é possível fazer alguns paralelos com este capítulo.

> *The Man in the High Castle* é uma série de televisão dos EUA, produzida pela Amazon Studios, que conta uma história alternativa sobre o desfecho da Segunda Guerra Mundial. Na série, os países do Eixo (Alemanha e Japão) vencem os Aliados na Segunda Guerra Mundial.

Primeiramente, é claro que existem cientistas arrogantes. Assim como existem profissionais arrogantes em qualquer área. Mas o fato de existirem cientistas arrogantes não torna arrogante a Ciência em si. Pelo contrário, a Ciência é humilde por natureza. Afinal, requer humildade ser cético consigo mesmo. Requer humildade ter que abrir mão de crenças e convicções frente a novas informações. Não foi à toa que encerramos o capítulo "*Fake news* e a pandemia da desinformação" justamente com uma série de perguntas que devemos nos fazer sempre que estamos diante de uma nova informação.

Um ponto que não podemos ignorar é o papel crucial da comunicação nesta discussão. A humildade inerente ao método científico frequentemente se perde na tradução quando os resultados são apresentados ao público. Muitas vezes, descobertas são divulgadas de forma sensacionalista ou com uma certeza infundada, contribuindo para a percepção de que a ciência é arrogante. Uma comunicação científica responsável deve, portanto, se esforçar para transmitir não apenas as descobertas, mas também as incertezas e limitações que acompanham qualquer empreendimento científico.

Ao contrário da religião, de ideologias políticas ou quaisquer outros sistemas de crenças baseados em dogmas, certezas e infalibilidade, a Ciência se constrói abraçando as incertezas constantes e as tentativas incessantes de refutar suas próprias hipóteses. Que outro sistema de crenças você conhece que é capaz de fazer isso?

Enquanto a certeza (que não passa de um belo castelo de areia) traz conforto e satisfação, abraçar a incerteza (a "constância das marés") é quase insuportável, embora necessário. Talvez por isso, ao lançar questionamentos científicos sobre questões nas quais determinadas pessoas possuem grande certeza e convicção, a saída mais simples dessa discussão seja dizer que a ciência está sendo arrogante. Parece ser muito doloroso criticar uma ideia a qual já nos afeiçoamos tanto. Não é justo que um castelo de areia tão bonito seja derrubado, não é mesmo? Ainda mais tendo sido construído por nós mesmos. Essa percepção de "arrogância" muitas vezes pode ser uma forma de resistência emocional ao desafio que a Ciência representa para as nossas crenças preexistentes. Em outras palavras, a acusação de arrogância pode ser menos uma crítica válida à Ciência em si e mais um mecanismo de defesa contra a desestabilização de nossas zonas de conforto intelectuais.

Enquanto seres humanos, temos o curioso hábito de atribuir um sentido especial a tudo aquilo que nos gera alguma identificação. "É uma vaidade característica de nossa espécie atribuir uma face humana à violência cósmica aleatória". Essa frase de Carl Sagan se refere ao fato de que algumas pessoas dizem enxergar um rosto humano na Lua, quando na verdade são apenas crateras e acidentes geográficos, frutos de catástrofes que antecedem a própria vida humana. Que vaidade imaginarmos que a Lua, de alguma forma nos representa! Mas não temos culpa de sermos humanos. E, sendo humanos, estamos vulneráveis a esse tipo de viés, cujo combustível é a vontade de nos sentirmos especiais.

Você que está lendo este livro, se sente especial?

Quando coisas ao nosso redor acontecem e nos fazem sentir especiais, é justamente o momento no qual devemos ter maior serenidade e lucidez. É mais provável que Tyler Durden (que abriu este capítulo) esteja correto e que você ou eu não sejamos assim tão especiais. Não que o fato de alguém ser especial, em essência, constitua algum problema. Mas provavelmente esse é um entendimento bastante impreciso sobre o mundo.

Talvez você se chateie ao ler isso, mas, objetiva e cientificamente, não somos especiais. Estou dizendo isso não para ficarmos tristes ou desmotivados, mas para conseguirmos desfazer essa urgência ilusória em nos sentirmos únicos, "escolhidos pelo universo". Essa urgência que tanto nos consome e que provoca consequências muito negativas.

Veja bem, se eu penso que sou especial, então minhas opiniões também passam a ser. E se minhas opiniões pessoais são especiais, eu começo a me sentir no direito de valorizá-las tanto quanto – ou até mais – do que as próprias evidências científicas. E assim, não importa o que digam as evidências, minha crença irá se manter. Ou talvez eu até utilize ou incorpore evidências científicas nos meus argumentos, desde que essas evidências confirmem as minhas crenças. Afinal, eu sou especial.

"A minha religião é mais especial que as outras", "Sou patriota, meu país é mais especial que os outros", "Meu time de futebol é mais especial que os outros", "Minha crença sobre um medicamento milagroso ou sobre a desconfiança de vacinas é especial". O que isso tudo tem em comum? Nada disso é baseado na realidade, mas sim na necessidade de nos sentirmos bem. E, de quebra, passamos a fazer parte de um grupo com o qual nos identificamos. Tudo pela necessidade de sermos, de alguma forma, especiais.

A Ciência é mesmo arrogante? Ou nós é que estamos sendo? Podemos ilustrar esse debate com a história do médico pediatra William Aaron Silverman, conhecido como Bill Silverman, que foi sensato e humilde o suficiente para questionar sua própria descoberta.

Em 1949, Bill Silverman começou a trabalhar na seção de prematuros do Hospital Infantil de Nova York. Logo no início, se deparou com um bebê prematuro sofrendo de retinopatia da prematuridade (RDP), uma condição que pode levar a cegueira permanente. Obviamente, ele ficou aflito com o caso, mas teve uma ideia. Resolveu usar empiricamente um hormônio: o hormônio adrenocorticotrófico (ACTH – Hormônio originalmente liberado pela hipófise para estimular as glândulas suprarrenais a produzirem cortisol), recém-descoberto na época e que, por esse motivo, nunca havia sido utilizado ou testado em recém-nascidos. O resultado final foi que a criança ganhou peso, sua visão foi recuperada e ela recebeu alta em bom estado de saúde.

Foi o suficiente para Silverman se empolgar e começar a fazer esse tratamento nos bebês com RDP posteriores. Quando comparou os resultados do seu hospital (que usava ACTH) com os resultados dos bebês do Lincoln Hospital (que não usava ACTH), observou que os de seu hospital eram claramente superiores. O índice de sucesso no hospital de Silverman, com ACTH, era de 80%, contra 14% no Lincoln Hospital. Ótimo, Silverman poderia agora comemorar e se promover com o tratamento milagroso que havia descoberto, certo? Ao menos é o que a maior parte das pessoas faria.

Porém, Bill teve coragem e humildade de questionar seus próprios resultados à luz do método científico. Ele percebeu que a comparação que tinha feito estava longe de ter o rigor de um ensaio clínico de qualidade. E o que estava faltando em sua metodologia? Os bebês não haviam sido aleatorizados nos grupos tratamento ou controle (e a comparação foi feita entre hospitais diferentes, com suas próprias características). Isso poderia ser um viés, afinal, a equipe do outro hospital poderia ter um treinamento pior, por exemplo. Ou, probabilisticamente, seus resultados poderiam ter sido fruto do acaso, uma vez que o número de bebês era muito baixo.

Sendo assim, o próprio pediatra resolveu fazer um ensaio clínico adequado. Fez então um estudo randomizado, controlado, no mesmo hospital e com uma amostra adequada de bebês. Resultado: 70% dos bebês tratados com ACTH se recuperaram. Parece um bom número, mas, dos bebês que não receberam tratamento hormonal, 80% se recuperaram! Ou seja, o desempenho de quem foi tratado com o hormônio foi inferior ao grupo controle. E, ainda por cima, os bebês tratados hormonalmente apresentaram diversos efeitos adversos decorrentes do tratamento. Moral da história: se Bill não tivesse sido cético consigo mesmo, um falso tratamento "milagroso" teria se disseminado. Bill foi salvo pela humildade – e não arrogância – que a Ciência nos exige.

No entanto, como já mencionamos antes, o campo da Ciência também é sujeito às dinâmicas de poder e hierarquia que podem ocasionalmente impedir tal autocrítica. Em alguns casos, as estruturas institucionais ou a influência de cientistas renomados podem criar barreiras ao questionamento e à revisão, conferindo à Ciência uma aparência de dogma inflexível. Assim, a humildade e o ceticismo que celebramos em exemplos como o de Silverman devem ser institucionalizados de maneira mais sistemática para evitar esse tipo de "arrogância".

Se você acredita em uma "verdade" subjetiva, que supera algo que pode ser testado cientificamente, é necessário estar ciente que a qualquer momento você verá essa crença ser confrontada com informações objetivas oriundas do método científico, que refletem mais precisamente a realidade. Nessa pareidolia de tentarmos forçar um reflexo de nós mesmos em tudo que observamos, ficamos andando em círculos, pensando que somos mais do que realmente somos. Achando que estamos avançando muito na caminhada, mas sem sair do lugar. É necessário mais Ciência para colocarmos os pés em contato com a realidade e desanuviar vaidades. Vaidades estas que não combinam com a humildade do pensamento científico e a valorização da incerteza.

> Pareidolia é o fenômeno psicológico, comum a todos seres humanos, conhecido por fazer as pessoas identificarem imagens de rostos humanos ou animais em objetos, sombras, nuvens ou outros estímulos visuais aleatórios.

"Avalia-se a inteligência de um indivíduo pela quantidade de incertezas que ele é capaz de suportar" – afirmou Immanuel Kant. Talvez esse não seja exatamente um instrumento de medida de inteligência, mas sem dúvida alguma suportar incertezas se opõe à arrogância. Se, em tudo que afirmássemos, tivéssemos essa noção de incerteza científica e nos perguntássemos: "o quão errado posso estar ao afirmar isso?", talvez falássemos menos e com mais qualidade. E o principal: permaneceríamos abertos a mudanças e aptos a evoluir. Talvez aí resida o sentido da inteligência a que Kant se referiu. A ciência não é arrogante, pois interrogar o universo à nossa volta não é um ato de arrogância. A arrogância reside em refutar Ciência com opinião, tomar decisões ou generalizar situações com base apenas em experiência pessoal, como se pudéssemos, sozinhos e delirantes, definir a realidade.

Não são nossas minúsculas diferenças vaidosas que nos tornam especiais, mas sim o quanto somos parecidos, o quanto estamos sujeitos às mesmas regras da natureza e o quanto enfrentamos os desafios e contemplamos as belezas que o universo nos apresenta.

Em resumo, a Ciência pode ser vista como um empreendimento humilde e audacioso. É humilde porque reconhece seus próprios limites e a provisoriedade de suas conclusões; é audacioso porque busca sistematicamente desafiar e expandir esses limites. Essa dialética entre humildade e audácia, entre crença e questionamento, é o que mantém a Ciência em um caminho de autocorreção e crescimento, diferenciando-a de forma marcante da rigidez dogmática da religião ou da pseudociência.

POSFÁCIO

Se você fala sobre Ciência, então você divulga Ciência

Antes de nos despedirmos, há um último assunto que gostaria de conversar com você. No decorrer da leitura deste livro, pudemos entender a importância do pensamento científico como ferramenta fundamental para orientar tomadas de decisões e para nossa própria defesa contra o negacionismo, a pseudociência e as *fake news*. Porém, esse não é apenas um processo individual. Vivemos em sociedade e, por isso, compartilhamos e dividimos informações com outras pessoas, incluindo informações científicas.

"A realidade deve ter prioridade sobre as relações públicas, pois a natureza não pode ser enganada". Essa citação de Richard Feynman nos ajuda a lembrar que a forma com que comunicamos Ciência deve ser responsável e subordinada às evidências, bem como deve auxiliar, sempre que possível, a educação científica de outras pessoas.

Talvez você não se considere um divulgador científico. Eu consigo entender isso, afinal, por muito tempo eu também não me considerei. Mas à medida que conversamos e nos posicionamos sobre temas científicos frente a uma ou a milhares de pessoas, também transmitimos algumas mensagens sobre Ciência e o pensamento científico, influenciando o nosso entorno. Sendo assim, todos nós que, em maior ou menor grau, falamos sobre Ciência por aí somos divulgadores científicos em essência. E se nós divulgamos Ciência, temos o dever de fazer isso com responsabilidade, não importa se essa conversa científica acontece no grupo de WhatsApp da família, ou em uma *live* do Instagram com centenas de espectadores.

A falta do pensamento científico colabora para a sensação angustiante de "perda de controle" frente às incertezas que a vida nos apresenta. Esse sentimento de perder o controle nos deixa emocionalmente vulneráveis, reduzindo nossa autonomia diante das mais diversas situações e favorecendo a irracionalidade. Se nós, que assumimos o compromisso com o exercício diário do pensamento científico, pudermos ajudar a educar cientificamente as pessoas de nossas zonas de influência, podemos empoderá-las. E pessoas empoderadas cientificamente são mais resilientes ao negacionismo e às teorias da conspiração. Temos que lutar por essa educação científica emancipatória, sabendo que somos parte integrante desse processo.

Nesse cenário, a alfabetização científica emerge como um pré-requisito para a divulgação científica efetiva. Não se trata apenas de disseminar informações, mas também de proporcionar o aprendizado e o exercício do pensamento crítico. Sem um público alfabetizado cientificamente, até as melhores intenções de divulgação podem ser mal interpretadas ou distorcidas.

Porém, se você já tentou discutir Ciência com uma pessoa conspiratória ou negacionista, provavelmente deve estar achando tudo isso bastante utópico. De fato, falar sobre Ciência e desmistificar *fake news* para pessoas que estão abertas a isso é relativamente fácil. A tarefa desafiadora é debater com aqueles que baseiam suas crenças em um sistema próprio e que consideram suas próprias crenças como "evidências" superiores às evidências científicas. Nessas circunstâncias, a simples apresentação de evidências pode não ser suficiente. Para se comunicar eficazmente, é importante também entender os mecanismos psicológicos e sociais que influenciam a percepção e a aceitação da informação científica.

Como, então, podemos debater e conversar sobre Ciência com essas pessoas? Eu sinceramente não tenho essa resposta. É um caminho que estou percorrendo há algum tempo e que não possui uma linha de chegada, assim como o caminho que transitamos diariamente no exercício do pensamento científico.

O que tenho aqui são algumas sugestões que parecem aumentar a probabilidade de sermos ouvidos. Sugestões estas que nem sempre são fáceis de serem colocadas em prática.

Ao falar sobre Ciência com alguém, devemos nos esforçar ao máximo para, a todo momento, apresentarmos fatos concretos. Não podemos nos silenciar frente a uma minoria barulhenta que insiste em divulgar informações falsas. Contudo, é necessário tentar manter a empatia nesse processo. Talvez o posicionamento anticientífico de alguém seja apenas uma rústica camada externa que esconde uma pessoa angustiada e cujas necessidades e anseios não estão sendo atendidos por respostas científicas.

Muitas vezes, quando assumimos um posicionamento mais ácido ou agressivo, corremos o risco de provocar um efeito inverso, o *backfire effect* que discutimos no capítulo "A armadilha do viés de confirmação". E, acima de tudo, precisamos a todo momento reiterar a necessidade do uso da lógica e do pensamento crítico.

Por outro lado, em certas situações, talvez não valha a pena sequer se engajar em uma discussão. Pode ser que, ao entrar em um debate, você acabe valorizando a irracionalidade ao conceder sua valiosa atenção a ela. Por isso, reafirmo aquilo que eu disse no começo deste posfácio: precisamos promover uma educação científica ao nosso redor de modo a fornecer as ferramentas para que cada indivíduo seja capaz, por si mesmo, de pensar cientificamente e se tornar menos vulnerável à desinformação.

Por fim, assim como boa parte das pessoas, também acredito que precisamos promover o pensamento científico durante todo nosso processo educacional, desde a infância. Essa é uma frente de trabalho a longo prazo, para tentarmos garantir um futuro mais racional para a humanidade. Contudo, devemos lembrar que quem toma decisões importantes sobre o mundo hoje – como a decisão de melhorar a educação das crianças – somos nós, os adultos. Sendo assim, não podemos preguiçosamente terceirizar para os "adultos do amanhã" a responsabilidade de um mundo mais científico e racional. Eu conto com a sua ajuda para isso. Eu conto com a sua ajuda hoje.

Bibliografia comentada

A seguir, alguns dos livros e artigos que influenciaram a escrita deste livro, juntamente com um breve comentário sobre cada um deles:

ALMOSSAWI, Ali. *O livro ilustrado dos maus argumentos.* São Paulo: Sextante, 2017. 64 p.

Um livro lúdico e ricamente ilustrado que, de maneira simples, aponta as principais falácias lógicas argumentativas usadas nos discursos cotidianos.

BACCHI, André Demambre. *Tarot cético*: cartomancia racional. Joinville: Clube de Autores, 2023. 119 p.

Um livro-jogo desenhado para entender a construção de discursos falaciosos e enviesados, subvertendo o misticismo do tarô para o entendimento de falácias lógicas e vieses cognitivos.

BACCHI, André Demambre; BACCHI, Bruna Stievano. The relation between language and pseudoscientific practices. *Journal of Evidence-Based Healthcare*, v. 5, e4970, 2023. DOI: 10.17267/2675-021Xevidence.2023.e4970.

Artigo científico com um estudo conceitual sobre a relação entre linguagem e práticas pseudocientíficas.

BACON, Francis. *Novum Organum. Createspace* Independent Publishing Platform, 2017. 126 p.

Publicado originalmente em 1620, o livro apresenta o método indutivo que se contrapõe ao método aristotélico, baseado na dedução.

COOK, John. A history of FLICC: the 5 techniques of science denial. *Skeptical Science*, 31 mar. 2020. Disponível em: https://skepticalscience.com/history-FLICC-5-techniques-science-denial.html. Acesso em: 30 out. 2023.

Artigo no qual são apresentadas as cinco principais manobras de negação da Ciência que compõem o acrônimo FLICC.

DAWKINS, Richard. *A magia da realidade*: como sabemos o que é verdade. São Paulo: Companhia das Letras, 2012. 272 p.

Obra de caráter juvenil, ricamente ilustrada e bastante acessível, que discute pontos importantes do conhecimento científico e a beleza da Ciência.

DAWKINS, Richard. *Ciência na alma*: escritos de um racionalista fervoroso. São Paulo: Companhia das Letras, 2018. 528 p.

Coletânea de 42 ensaios, artigos, palestras e cartas escritos pelo autor ao longo de sua carreira que abordam temas como a evolução, a religião, a pseudociência, a educação e a sociedade.

DESCARTES, René. *Discurso do método.* São Paulo: Lafonte, 2017. 80 p.

Publicado originalmente em 1637, o livro apresenta o método filosófico de Descartes, que se baseia no ceticismo metodológico.

DOLL, Richard; HILL, A. Bradford. Smoking and carcinoma of the lung; preliminary report. *British Medical Journal*, v. 2, n. 4682, p. 739-748, 30 set. 1950. DOI: 10.1136/bmj.2.4682.739. PMID: 14772469. PMCID: PMC2038856.

Estudo marcante que contribuiu de modo ímpar para a associação entre tabagismo e câncer de pulmão.

FESTINGER, Leon; RIECKEN, Henry W.; SCHACHTER, Stanley. *When Prophecy Fails:* A Social and Psychological Study of a Modern Group That Predicted the Destruction of the World. Connecticut: Martino Fine Books, 2009. 260 p.

Publicação do estudo psicológico de Festinger após se infiltrar entre os cultistas dos "Seres de Clarion", cuja profecia falhou. Importante marco para a compreensão do fenômeno de dissonância cognitiva.

GAUKROGER, Stephen. *Objectivity*: A Very Short Introduction. Oxford: Oxford University Press, 2012. 128 p.

Um tratado que discute de modo menos reducionista o complexo significado da palavra "objetividade".

GOLDACRE, Ben. *Ciência picareta.* 2. ed. São Paulo: Civilização Brasileira, 2013. 378 p.

Um livro que reúne diversas práticas médicas nas quais a Ciência foi distorcida ou mal praticada para a sua justificação.

HANSSON, S. O. Science and Pseudo-Science. *The Stanford Encyclopedia of Philosophy.* 2021. Disponível em: https://plato.stanford.edu/archives/fall2021/entries/pseudo-science/. Acesso em: 30 out. 2023.

Artigo de Hansson que aborda a complexa questão da demarcação entre Ciência e pseudociência.

HUFF, Darrell. *Como mentir com estatística.* Trad. Bruno Casotti. Rio de Janeiro: Intrínseca, 2019. 160 p.

Livro que mostra como é possível distorcer os números e os dados de modo a gerar desinformação.

KAHNEMAN, Daniel. *Rápido e devagar*: duas formas de pensar. São Paulo: Objetiva, 2012. 608 p.

Kahneman apresenta as duas formas de pensar que ele identifica na mente humana: o pensamento rápido (intuitivo, automático) e o pensamento lento (deliberativo, controlado).

KRUGER, Justin; DUNNING, David. Unskilled and Unaware of It: How Difficulties in Recognizing One's Own Incompetence Lead to Inflated Self-Assessments. *Journal of Personality and Social Psychology*, v. 77, n. 6, p. 1121-1134, jan. 2000. DOI: 10.1037//0022-3514.77.6.1121.

Artigo que originou o conceito de Efeito Dunning-Kruger.

KUHN, Thomas S. *A estrutura das revoluções científicas*. 13. ed. São Paulo: Perspectiva, 2017. 324 p.

Principal obra de Kuhn, na qual ele aborda o conceito da evolução da Ciência por meio de revoluções.

LEWANDOWSKY, Stephan; COOK, John. *The Conspiracy Theory Handbook*, 2020. Disponível em: http://sks.to/conspiracy. Acesso em: 30 out. 2023.

Manual que resume as principais características das teorias da conspiração, em contraste com o pensamento racional.

LUIZ, André; TSUTSUMI, Myenne Mieko Ayres; RAMOS, Guilherme Alcantara. *Respostas científicas para enunciados picaretas*. Curitiba: N1 Tecnologia Comportamental, 2021. 152 p.

Livro de divulgação científica que esclarece cientificamente diversos mitos e afirmações do senso comum.

MATTHEWS, Robert Andrew. Storks Deliver Babies (p= 0.008). *Teaching Statistics*, v. 22, n. 2, p. 36-8, jun. 2000. DOI: 10.1111/1467-9639.00013.

Artigo no qual o autor, de maneira lúdica, faz uma associação entre o número de casais de cegonhas e da taxa de nascimento de bebês, de modo a demonstrar que correlação não implica necessariamente causalidade.

MERTON, Robert K. *The sociology of science*: theoretical and empirical investigations. Chicago: University of Chicago Press, 1979. 605 p.

Importante obra da sociologia da ciência. Publicado originalmente em 1973, o livro apresenta uma teoria abrangente sobre o funcionamento da Ciência como uma instituição social.

MLODINOW, Leonard. *O andar do bêbado*: como o acaso determina nossas vidas. São Paulo: Zahar, 2018. 324 p.

Obra fundamental para a compreensão de que o mundo é probabilístico e de que o acaso possui papel significativo em nossas vidas.

OHLER, Norman. *High Hitler*: como o uso de drogas pelo *Führer* e pelos nazistas ditou o ritmo do Terceiro Reich. São Paulo: Crítica, 2018. 384 p.

Curioso livro no qual o autor apresenta indícios da utilização de metanfetamina e outras drogas pelo exército alemão durante a Segunda Guerra Mundial.

PASTERNAK, Natalia; ORSI, Carlos. *Contra a realidade*: a negação da ciência, suas causas e consequências. São Paulo: Papirus 7 Mares, 2021. 192 p.

Obra que apresenta diversas situações nas quais a Ciência foi negada ou ignorada, trazendo consequências negativas. Além disso, explora possíveis causas para essa negação.

PASTERNAK, Natalia; ORSI, Carlos. *Ciência no cotidiano*: viva a razão, abaixo a ignorância. São Paulo: Contexto, 2018. 160 p.

Obra introdutória e em linguagem muito acessível que aborda pontos fundamentais da prática científica que fazem parte do nosso cotidiano e que, muitas vezes, são mal interpretados ou subestimados.

PILATI, Ronaldo. *Ciência e pseudociência*: por que acreditamos apenas naquilo em que queremos acreditar. São Paulo: Contexto, 2018. 160 p.

Importante livro para o entendimento dos conceitos de pseudociência e dissonância cognitiva, com a utilização dos modelos de "escaninhos mentais" proposto por Pilati.

POPPER, Karl. *A lógica da pesquisa científica*. 2. ed. São Paulo: Cultrix, 2013. 456 p.

Obra fundamental da filosofia da ciência. Publicado originalmente em 1934, o livro apresenta uma abordagem para o método científico baseada no conceito de falsabilidade.

SAGAN, Carl. *O mundo assombrado pelos demônios*: a ciência vista como uma vela no escuro. São Paulo: Companhia de Bolso, 2006. 512 p.

Um dos mais marcantes livros de divulgação científica, que aborda temas científicos e pseudocientíficos no trabalho mais maduro de Carl Sagan.

SAGAN, Carl. *Variedades da experiência científica*: uma visão pessoal da busca por Deus. São Paulo: Companhia das Letras, 2008. 304 p.

Uma série de palestras de Carl Sagan, reunidas em um volume de divulgação científica precioso.

SINGH, Simon; ERNST, Ezard. *Truque ou tratamento*. Rio de Janeiro: Record, 2013. 408 p.

Ernst e Singh exploram uma variedade de tratamentos com características pseudocientíficas, desde suas plausibilidades, até as evidências disponíveis.

TALEB, Nassim Nicholas. *A lógica do Cisne Negro*: o impacto do altamente improvável. São Paulo: Objetiva, 2021. 528 p.

A lógica do Cisne Negro nos mostra como o mundo é probabilístico e incerto e de que forma podemos lidar com isso.

TYSON, Neil deGrasse. *Respostas de um astrofísico*. 3. ed. São Paulo: Record, 2020. 272 p.

Uma série de respostas a cartas e e-mails na qual o astrofísico aborda desde temas da Astronomia (sua especialidade) até questões filosóficas envolvendo o luto, sob a perspectiva da Ciência.

O autor

André Demambre Bacchi é doutor e mestre em Ciências Fisiológicas com ênfase em Farmacologia pela Universidade Estadual de Londrina (UEL). Desde 2010 atua como docente nas áreas de Farmacologia, Toxicologia e, mais recentemente, também nas áreas de Epidemiologia e Bioestatística. Atualmente é professor adjunto do curso de Medicina da Universidade Federal de Rondonópolis (UFR) e divulgador científico.

GRÁFICA PAYM
Tel. [11] 4392-3344
paym@graficapaym.com.br